U0239166

“十四五”职业教育国家规划教材

Interior Design

公共空间室内设计速查

第2版

丛书主编　高　　钰
本书主编　薛　　凯
副 主 编　严川洁雪
参　　编　张 雪 梅　陶　蕊　薛 晟 旸
　　　　　王　　洁　张健全　严川吉雨

机 械 工 业 出 版 社

本书为校企“双元”合作编写的教材，以模块式教学为体系，以速查为目的。全书分为上下两篇。

上篇设计速查：共四个模块，分别介绍了购物空间、餐饮空间、办公空间和酒店空间室内设计的概念、类型及设计要点。

下篇实战速查：共两个模块，以课程作业形式，指导学生按照“前期准备→草图分析→方案确定、图纸深化→效果图表现”流程进行快题设计，并列举了其中各阶段的实施方案、具体细则和成果展示，同时列出了公共空间常用家具。

全书以模块化为架构，以速查为目的，配以大量案例图片，使读者能快速查询各公共空间的功能、分类和要点。

本书可作为本科及职业院校室内设计、环境艺术设计和建筑装饰设计专业教材，也可作为相关专业培训用书，以及室内设计爱好者参考用书。

为方便教学，本书配套 PPT 电子课件和微课视频。凡选用本书作为教材的教师均可登录 www.cmpedu.com 注册下载，或加入设计交流群（492524835）索取，此外也可拨打编辑电话 010-88379373 咨询。

图书在版编目（CIP）数据

公共空间室内设计速查/薛凯主编. —2 版. —北京：机械工业出版社，2020.1（2025.1 重印）
（室内设计专业教学丛书）
ISBN 978-7-111-64695-2

Ⅰ.①公…　Ⅱ.①薛…　Ⅲ.①公共建筑-室内设计　Ⅳ.①TU242

中国版本图书馆 CIP 数据核字（2020）第 018974 号

机械工业出版社（北京市百万庄大街 22 号　邮政编码 100037）
策划编辑：陈紫青　责任编辑：陈紫青
责任校对：炊小云　封面设计：马精明
责任印制：常天培
北京宝隆世纪印刷有限公司印刷
2025 年 1 月第 2 版第 7 次印刷
210mm×230mm · 10.2 印张 · 298 千字
标准书号：ISBN 978-7-111-64695-2
定价：62.00 元

电话服务	网络服务
客服电话：010-88361066	机　工　官　网：www.cmpbook.com
010-88379833	机　工　官　博：weibo.com/cmp1952
010-68326294	金　　书　　网：www.golden-book.com
封底无防伪标均为盗版	机工教育服务网：www.cmpedu.com

关于“十四五”职业教育国家规划教材的出版说明

为贯彻落实《中共中央关于认真学习宣传贯彻党的二十大精神的决定》《习近平新时代中国特色社会主义思想进课程教材指南》《职业院校教材管理办法》等文件精神，机械工业出版社与教材编写团队一道，认真执行思政内容进教材、进课堂、进头脑要求，尊重教育规律，遵循学科特点，对教材内容进行了更新，着力落实以下要求：

1. 提升教材铸魂育人功能，培育、践行社会主义核心价值观，教育引导学生树立共产主义远大理想和中国特色社会主义共同理想，坚定“四个自信”，厚植爱国主义情怀，把爱国情、强国志、报国行自觉融入建设社会主义现代化强国、实现中华民族伟大复兴的奋斗之中。同时，弘扬中华优秀传统文化，深入开展宪法法治教育。

2. 注重科学思维方法训练和科学伦理教育，培养学生探索未知、追求真理、勇攀科学高峰的责任感和使命感；强化学生工程伦理教育，培养学生精益求精的大国工匠精神，激发学生科技报国的家国情怀和使命担当。加快构建中国特色哲学社会科学学科体系、学术体系、话语体系。帮助学生了解相关专业和行业领域的国家战略、法律法规和相关政策，引导学生深入社会实践、关注现实问题，培育学生经世济民、诚信服务、德法兼修的职业素养。

3. 教育引导学生深刻理解并自觉实践各行业的职业精神、职业规范，增强职业责任感，培养遵纪守法、爱岗敬业、无私奉献、诚实守信、公道办事、开拓创新的职业品格和行为习惯。

在此基础上，及时更新教材知识内容，体现产业发展的新技术、新工艺、新规范、新标准。加强教材数字化建设，丰富配套资源，形成可听、可视、可练、可互动的融媒体教材。

教材建设需要各方的共同努力，也欢迎相关教材使用院校的师生及时反馈意见和建议，我们将认真组织力量进行研究，在后续重印及再版时吸纳改进，不断推动高质量教材出版。

机械工业出版社

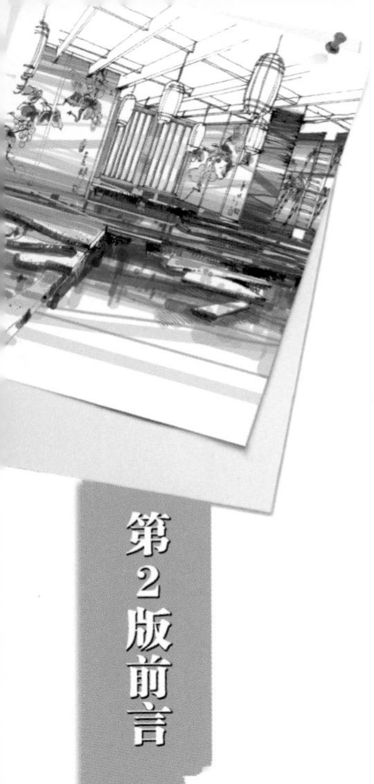

第2版前言

本书在第1版的基础上，增加了部分空间类型的内容，如LOFT办公空间和民宿等，并更新了案例及图片，力求与时俱进，增加了速查实用性。本书具有如下特点：

1. 定位初级：本书为初学者入门教材，仅涉及公共空间室内设计范畴。

2. 以图为主：精选典型案例实景及表现图，直观、形象、生动地阐明各公共空间的设计要点。

3. 范式教育：本书的主要目的不是培养学生的创造力和艺术修养，而是介绍程式化的步骤和方法。

4. 效果速成：本书通过速查形式可帮助读者快速解惑，为设计作业提供参考指导。

如何使用本书？

○ 对初学者，可按模块单元循序渐进

建议初学者按模块单元顺序学习，掌握各公共空间的知识要点。

○ 对专业人员，可按专业要点查询

专业人员可略过基础部分，直接转至相关位置查询所需参数。

○ 对教师，可将本书内容与实际项目结合

教师教学时，可将本书内容与实际项目结合，增强实践性，提高教学效率。

○ 对培训机构，设计作业操作体系可直接参考本书

指导教师可按“确定主题→分组调研→参观现场→设计讨论→制图→点评”的流程，带领学生完成设计作业。

本书不仅在教材内容方面注重装饰元素、风格的美感，在装帧设计方面也注重美观、大方，通过异型开本、锁线装订、全彩印刷、亚光铜等设计工艺与方法，提升教材的审美价值，落实二十大精神，为不断实现人民对美好生活的向往作出力所能及的贡献。

本书为“室内设计专业教学丛书”之一（上海城建职业学院高钰担任丛书主编），由自由设计师薛凯担任主编，学尔森学院金牌教师严川洁雪担任副主编，上海城建学院王洁、上海励展展览设计工程有限公司张健全、上海益埃毕建筑科技有限公司BIM讲师张雪梅、上海建工五建集团设计院建筑一所所长陶蕊、上海工程勘察设计有限公司工程师薛晟旸、齐齐哈尔大学严川吉雨参与了编写。

由于编者水平有限，书中难免存在不足之处，欢迎广大读者朋友批评指正。

编　者

本书体例架构剖析

第1版前言

这不仅仅是一本可供阅读的书，还是可以“使用”的工具。因此，它更像是一个实用的产品，诸如椅子或茶杯。

《公共空间室内设计速查》是一本讲授公共空间室内设计元素和技巧的教材。它不仅为学生和室内设计师提供基本的设计指导，还为他们提供具体操作的指导和相关资料的查询。这些内容不仅对于学生，而且对于初出茅庐的年轻设计师都具有很高的参考价值。本书具有如下几个特点：

1. 简单易学，定位初级：本书定位明确，是针对初学者的设计入门教材。因此，本书将室内设计诸多内容进行了精简，选出了初学者必须掌握的部分。

2. 清楚明白，以图为主：本书内容完全针对设计课的方案设计与制图需要，例如会用图示的方法列出餐饮空间应有哪些功能，各有什么要求，家具如何绘制等。

3. 内容全面，查询图典：本书主要分两方面进行讲解。一是设计，包含了公共空间室内设计的各项要求与具体指标。二是实战，分析了设计大作业的实施方案与实施细则。在此基础上，本书还总结了在公共空间室内设计中常用的消防知识和防火规范，并且用图表的方式汇总了公共空间室内设计中常用家具、设备的尺寸、用途及特点。

4. 程式教育，效果速成：本书编写的目的不是培养学生的创意和艺术修养，而是为其提供程式化的公共空间室内设计方法。

本书编写成员的分工如下。

郝倩茹：大理学院副教授，负责编写“餐饮空间室内设计”。

薛凯：上海城市管理学院讲师，负责编写“购物空间室内设计”的部分内容。

王敏：上海城市管理学院讲师，负责编写“购物空间室内设计”的部分内容。

孟胜兵：上海师范大学天华学院讲师，负责编写“酒店空间室内设计”的部分内容。

高钰：上海城市管理学院副教授，为本书主编，负责剩余部分的编写。

赵斌：负责稿件的审核整理。

邱嘉麟、奚春妹：负责编写辅助工作。

本书中的室内设计效果图由李双喜先生友情提供，学生范图与部分图样由上海城市管理学院学生绘制。

编　者

二维码视频列表

序号	对应内容		名称	二维码	页码
1	全书		本书体例架构剖析		Ⅳ
2	项目五	任务一	店铺平面布局		145
3	项目五	任务一	店铺透视线稿（一）		145
4	项目五	任务一	店铺透视线稿（二）		145
5	项目五	任务一	店铺透视线稿（三）		145
6	项目五	任务一	店铺透视上色（一）		145
7	项目五	任务一	店铺透视上色（二）		145
8	项目五	任务四	客房透视线稿（一）		174
9	项目五	任务四	客房透视线稿（二）		174
10	项目五	任务四	客房透视上色（一）		174
11	项目五	任务四	客房透视上色（二）		174

第2版前言
第1版前言
二维码视频列表

目录

上篇 设计速查

下篇 实战速查

Interior
Design
Manual

上篇
设计速查

SCHOOL OF NURSING
SECOND MILITARY MEDICAL UNIVERSITY

模块一

购物空间室内设计

购物空间是展示和销售商品的场所，是联系商品和消费者的纽带和桥梁。根据销售模式不同，购物空间可分为购物中心（见图1-1）、专业商店、自选商场、联营商场、大型超市（见图1-2）、商业街等。这些空间联系起来，组成了商业建筑。

图1-1 购物中心

随着生活方式、消费观念的变化，购物空间的商业模式也发生着变化。购物环境中融入了餐饮、教育、文化、娱乐等功能，因此主流购物场所也由百货商店转为休闲购物中心，由零散店铺转向品牌专卖店，由商贸市场转为大型超市。

根据使用功能不同，购物空间可分为营业厅、办公室、盥洗室、储藏室、设备空间等组成部分。其中，营业厅是核心空间。本模块将从设计角度进行讲述。

图 1-2　大型超市

单元一　营　业　厅

一、概念及功能

营业厅是宣传展示商品，为顾客提供浏览、选购等服务，并完成交易的场所。根据经营种类不同，营业厅可分为综合营业厅（见图 1-3）和专属营业厅（见图 1-4）。

综合营业厅面积较大，商品种类繁多，须突出其综合性和主题性。专属营业厅则侧重专业性和品牌性。两者既相互包容，又相对独立，但均有以下三种功能。

（一）展示功能

营业厅的首要功能，即通过对外展示（如橱窗形式，见图 1-5）和对内展示（如货柜形式，见图 1-6），引导顾客全方位了解其优点及特色，进而作出判断和决策。

（二）选购功能

营业厅的基本功能，即提供挑选、比较商品的环境，如试衣间、体验区等，加深顾客对商品的认识，并最终促成购买行为（见图 1-7）。

（三）交易功能

营业厅的必备功能，即为买卖双方提供一个进行支付交易的场所，同时还需满足提货、包装及搬运等条件，确保一定的私密性（见图 1-8）。

图 1-3　综合营业厅

图 1-4　专属营业厅

图 1-5　专属营业厅对外展示（橱窗形式）

图 1-6　专属营业厅对内展示（货柜形式）

图 1-7　选购区及试衣间

图 1-8　收银台

二、店面设计

店面，即商店的外立面，它利用造型、灯光、材质、广告等手段，体现经营的性质和特色。店面设计可分为门头设计、店招设计、店门设计、橱窗设计（见图 1-9）。

图1-9 店面设计

图1-10 门头设计

（一）门头设计

门头设计应具有较强的识别性及诱导性，并考虑室外环境对材料的影响。常用的耐候性材料有：天然石材、人造石材、金属复合板、玻璃、不锈钢等（见图1-10）。

（二）店招设计

常用店招材料有亚克力、吸塑字和不锈钢等。设计时应将中英文、数字和图形组合成艺术化的形式，并考虑夜晚光效（见图1-11）。

图1-11　店招设计

（三）店门设计

为获取最大关注度，在人流较大的场所或入口狭窄处，店门可适当内嵌门廊，用于缓冲；寒冷地区或夏冬两季可设两道门斗形式，减小因频繁开启造成的室内外温差；店门不宜置于流线交汇处，如楼（电）梯或狭窄过道，以免多股人流相向行进或停驻造成拥堵（见图 1-12）。

图 1-12　店门设计

（四）橱窗设计

橱窗既是广告形式，也是装饰手段，甚至可以美化市容。常见橱窗形式见表 1-1。

橱窗大多沿街或在商场通道旁设计。设计时除美观外，还需考虑照度充分，以免玻璃受到外部光源影响产生眩光，导致反射不清。

表 1-1 常见橱窗形式

名称	开敞式橱窗	半开敞式橱窗	封闭式橱窗	
			高台箱式橱窗	外凸箱式橱窗
特点	橱窗和营业厅直接相通，透过玻璃可以将店内商品尽收眼底。若陈设服饰或小件物品，可适当加高地面，突出展品	橱窗和营业厅之间采用半隔断半通透的形式，加强了橱窗的视觉冲击力，也可以用产品作为隔断，加强品牌宣传	通过隔断将展区和营业厅完全分开。容易突出商品，吸引注意力	通过隔断将展区和营业厅完全分开。展示区域突出且集中，空间尺度亲和
适用范围	家具、交通工具等大型商品陈设	展示衣物、鞋帽或日用杂品的陈设	珠宝、首饰等饰品的陈设	珠宝、首饰等饰品的陈设
示意图				
效果图				

三、功能分区

（一）综合营业厅

1. 交通路线

营业面积在600m² 以上的综合营业厅，其主通道宽＞2200mm，次通道宽为1600～1800mm，入口配置提篮或手推车存放处（见图1-13）。出口通道宽＞1500mm（含600mm宽顾客通过口），收银台按每台100人设置。

2. 货区分布

根据商品特点，结合柱网分区陈列，借助隔断、货架、柜台、水体、绿化、灯光、色彩、材质、高差等手法来分隔购物空间。易激发购买欲的商品应置于入口，目的性较明确的商品则置于内部，从而扩大商业机能（见图1-14～图1-16）。

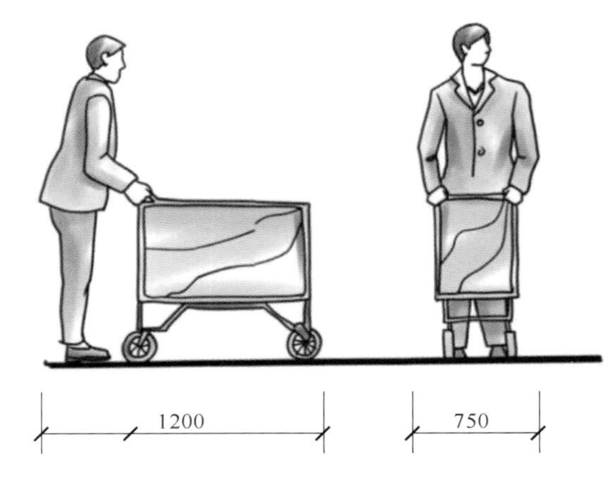

图1-13　超市推车间距

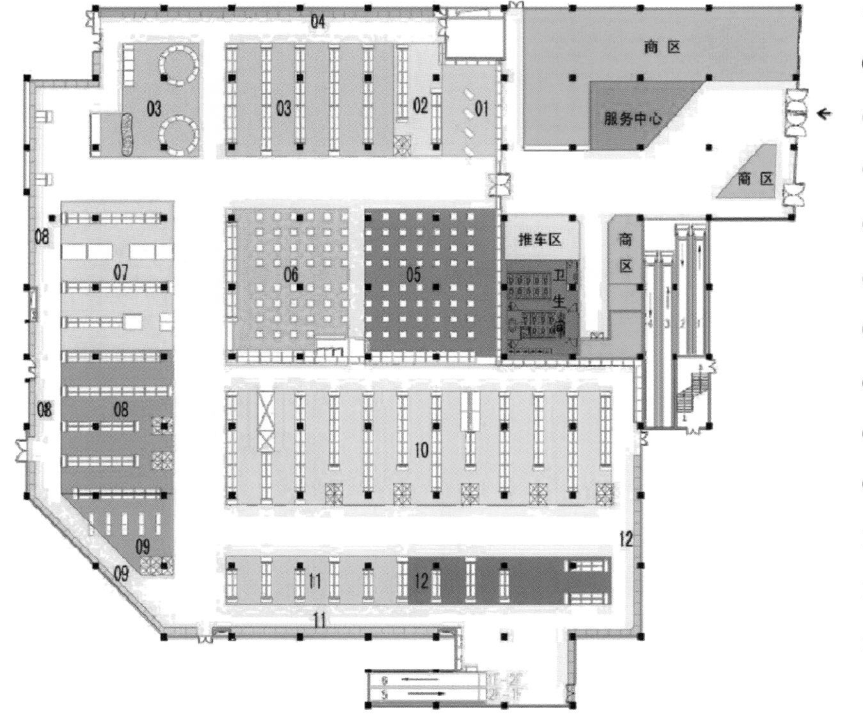

图1-14　大型超市一层货区分布示意图

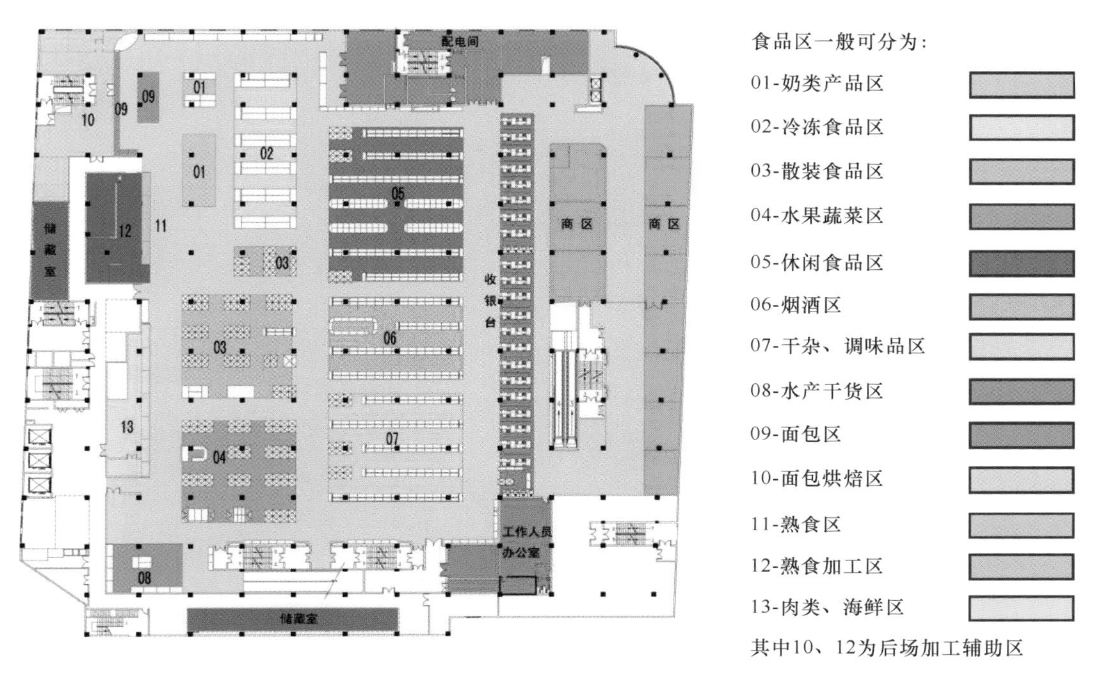

图 1-15　大型超市二层货区分布示意图

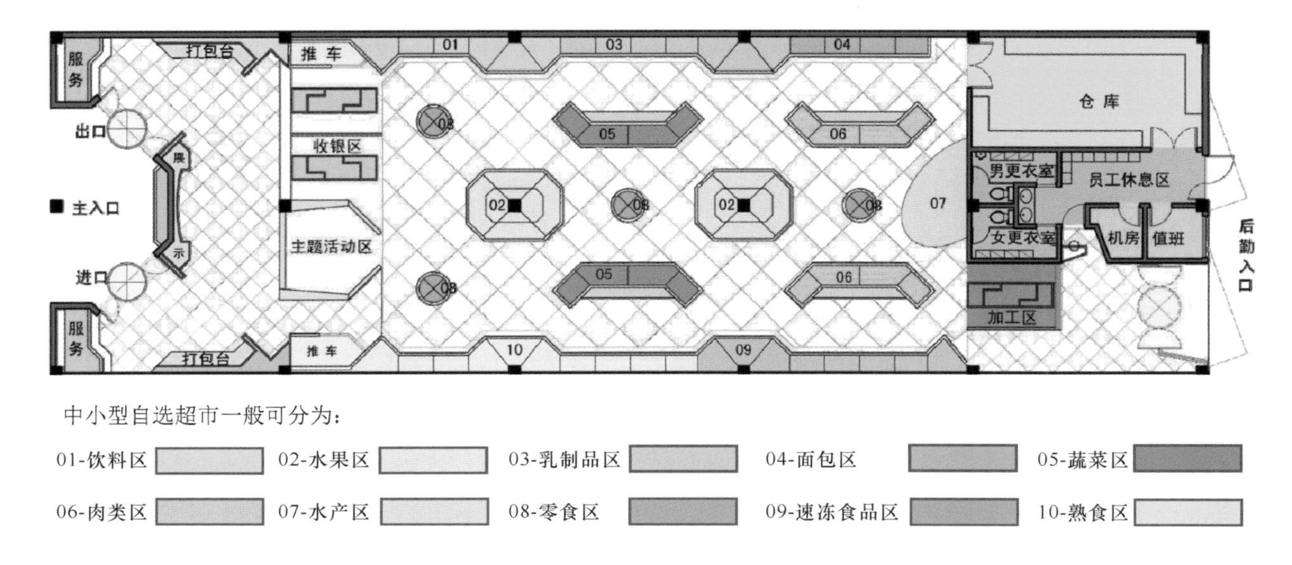

图 1-16　中小型自选超市分布示意图

设计师可通过个性化的边缘设计区分不同商品的特征，如色彩、形状、空间、形式、细节、标记等。区域装饰力求单纯和简明，强调装饰物与其背景环境的对比效果，包括明确的边缘范围、边缘围合线条以及边缘色彩的对比（见图1-17）。

图1-17 通过色彩、形状划分区域

3. 购物导向

综合营业厅商品繁多，须有明确的主题性，可引入“馆中馆”的概念（见图1-18），即在大空间内通过吊顶、吊屏、货架及促销台等设计分出单独区域，用增强视觉特征的方法为每一种商品建立一种环境以突出主题，既保持风格统一，又具有强烈的可识别性（见图1-19）。

（二）专属营业厅

专属营业厅是专营或经授权主营某一品牌商品（制造商品牌和中间商品牌）的零售业态。典型代表是服装类（见图1-20）、珠宝首饰类、家具类、电子产品类等。

尺寸较小的商品，可利用高屏风、家具或者装饰隔断，根据款式分组陈列，形成开敞式空间，也可通过地面变化，如局部或通道两侧抬高，起到划分空间的作用（见图1-21和图1-22）。

珠宝首饰类专属营业厅除了利用陈列柜、玻璃隔墙划分独立空间外，还须考虑顾客的可坐性（见图1-23）。

家具类专属营业厅可根据家具尺寸、高度及位置，利用原有墙体或新增隔墙分区，留出主通道，并设置导向标牌，也可通过地面材质的变化引导顾客走向（见图1-24）。

图 1-18　馆中馆

图 1-19　区域标识

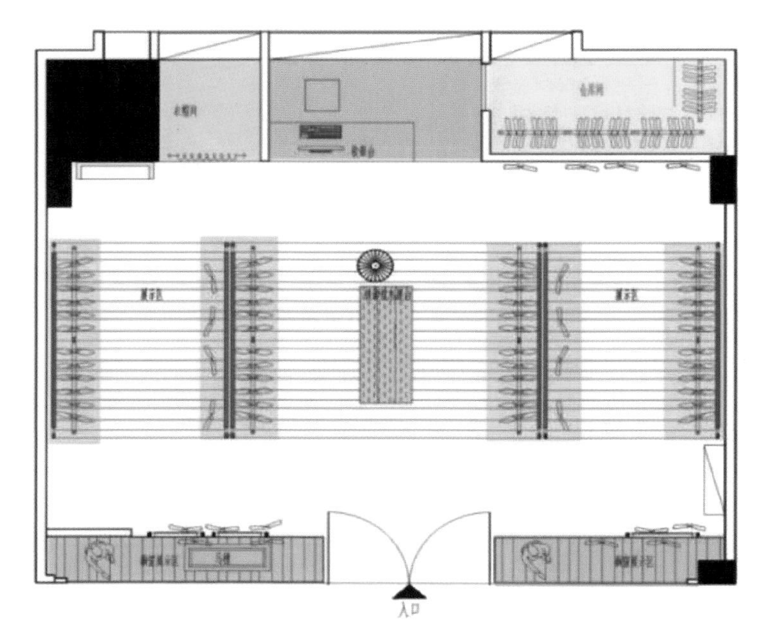

专属营业厅功能分区一般有：

1-橱窗展示区

2-商品展示区

3-柜台展示区

4-更衣室

5-收银区

6-仓库

图 1-20　服装类专属营业厅

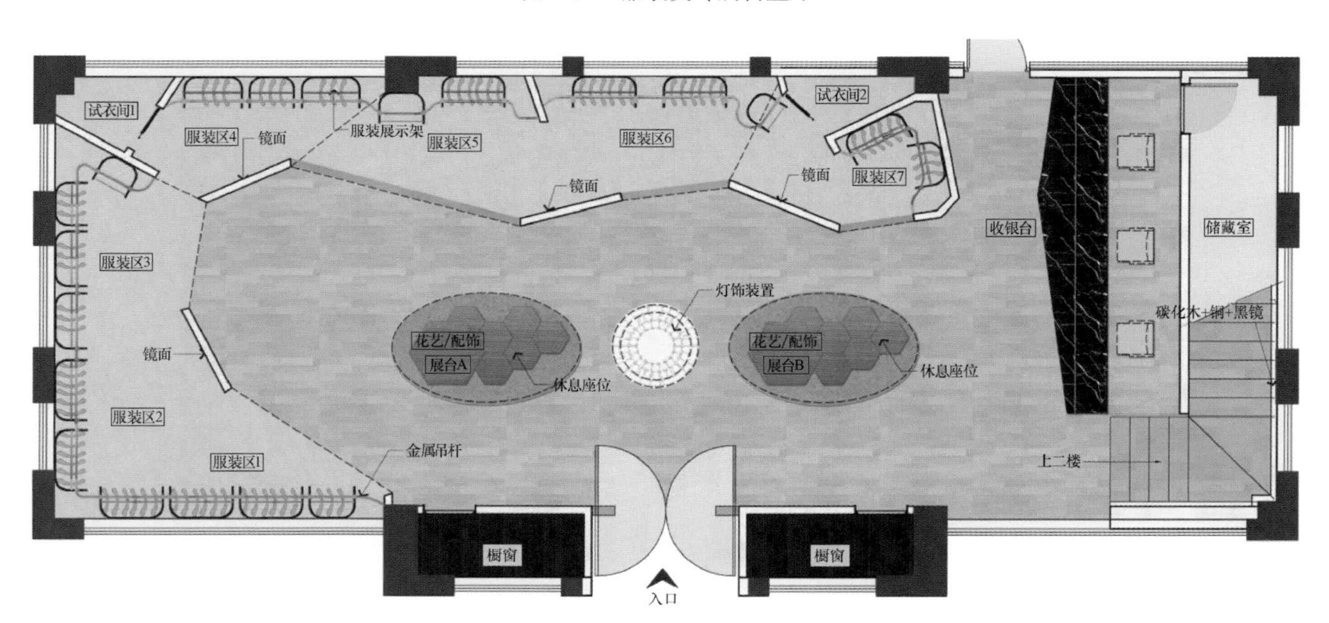

一层平面布置图 1：50

图 1-21　服装类专属营业厅一层

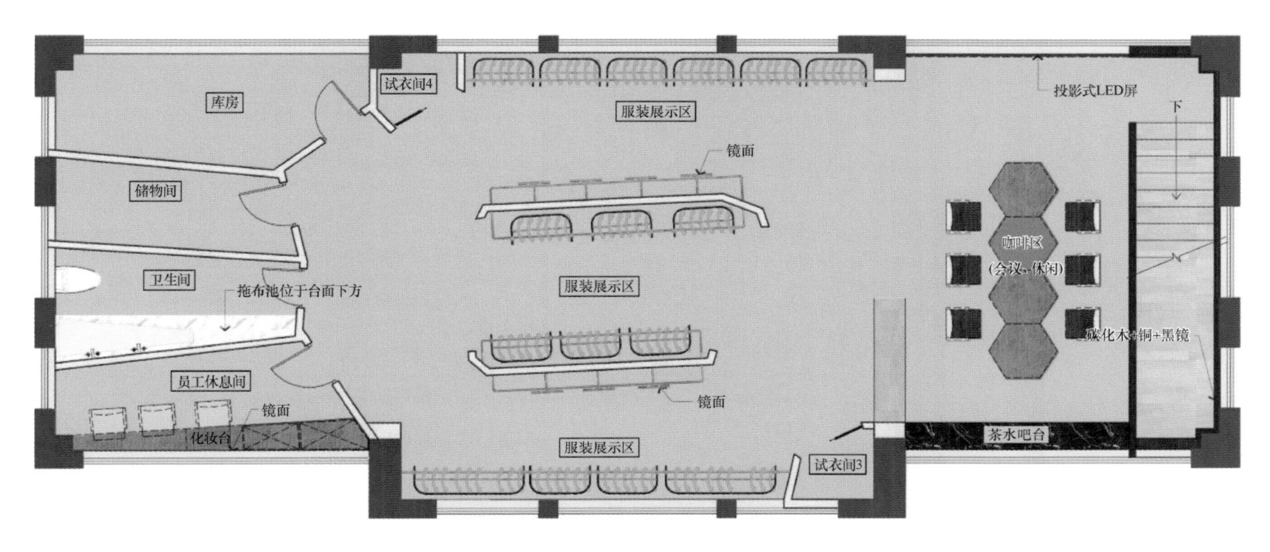

二层平面布置图 1：50

图 1-22　服装类专属营业厅二层

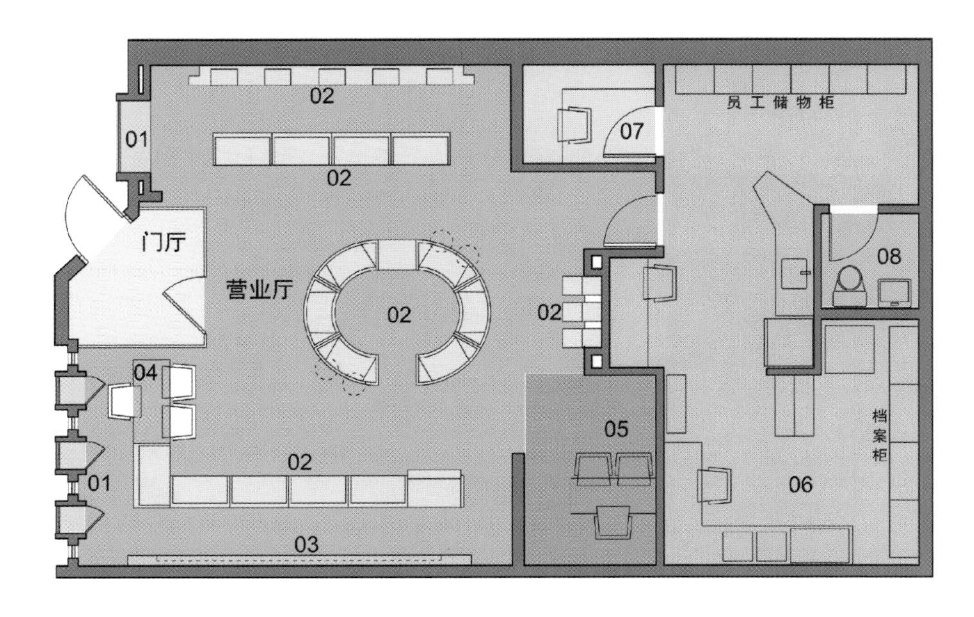

珠宝首饰类专属营业厅一般可分为：

01-橱窗展示区

02-珠宝陈列柜

03-品牌背景墙

04-收银台

05-VIP 接待室

06-办公室

07-鉴定、加工室

08-卫生间

图 1-23　珠宝首饰类专属营业厅

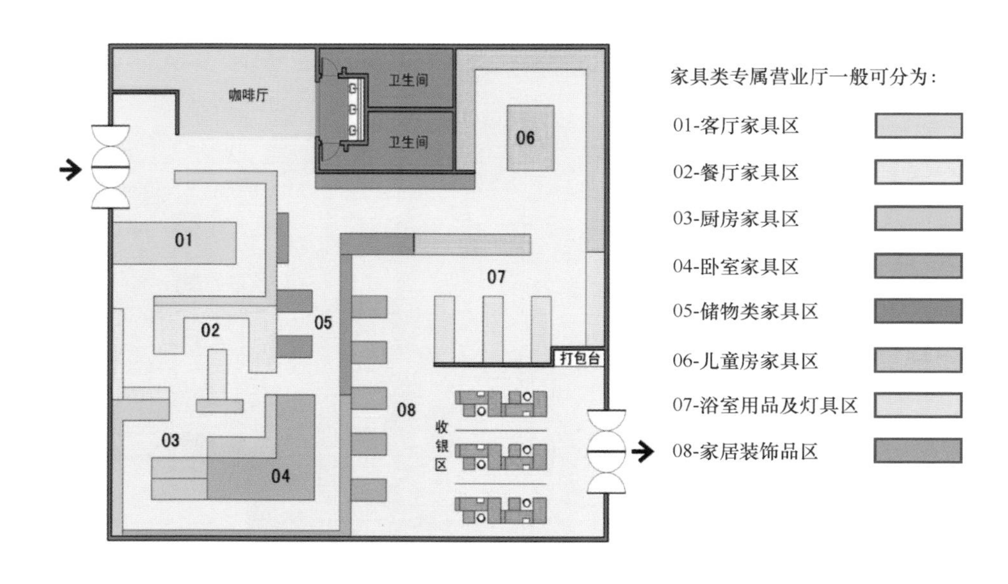

图 1-24 家具类专属营业厅

中小品牌专卖店面积有限，商品陈列应配合购买效率。如利用多层空间展示更多商品，减少仓库调货时间；设置流动性展柜可接待更多顾客（见图 1-25）。

图 1-25 可利用多层空间展示更多商品

四、道具设计

道具原指戏剧场景中的装饰物件。在购物空间里，道具指可移动或固定的家具、展柜（架）等，它可以限定人流动向，使消费者根据设计节奏浏览，并唤起其消费兴趣。

根据陈设高度及使用方式不同，道具可分为立姿道具、弯腰及曲膝道具、坐姿道具。

1. 立姿道具

立姿道具的高度直接影响着消费者的视觉注意力和感受范围，因此，立姿道具高度应与消费者的视线、视场、易触摸的高度相适应。成年女子的触摸高度为距离地面 600 ~ 1600mm 的空间；成年男子的触摸高度为 600 ~ 1800mm（见图 1-26 和图 1-27）。

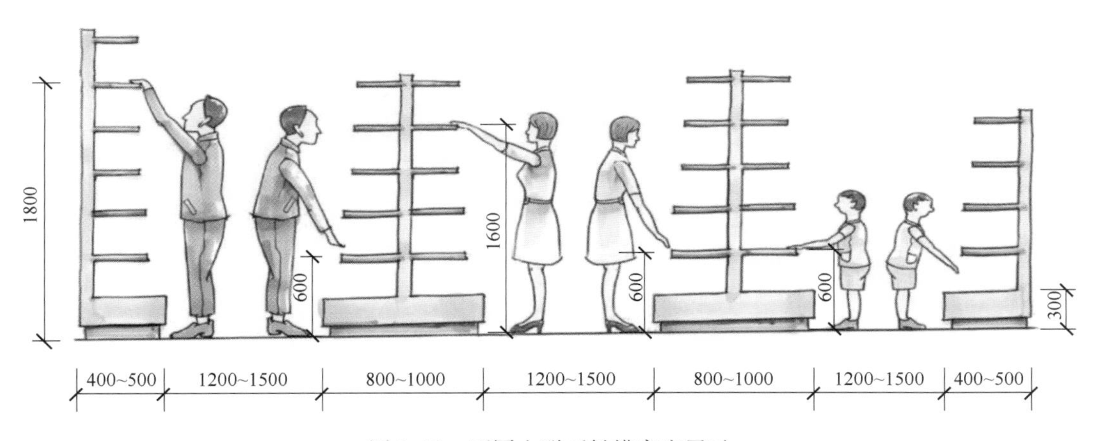

图 1-26　不同人群可触摸高度展示

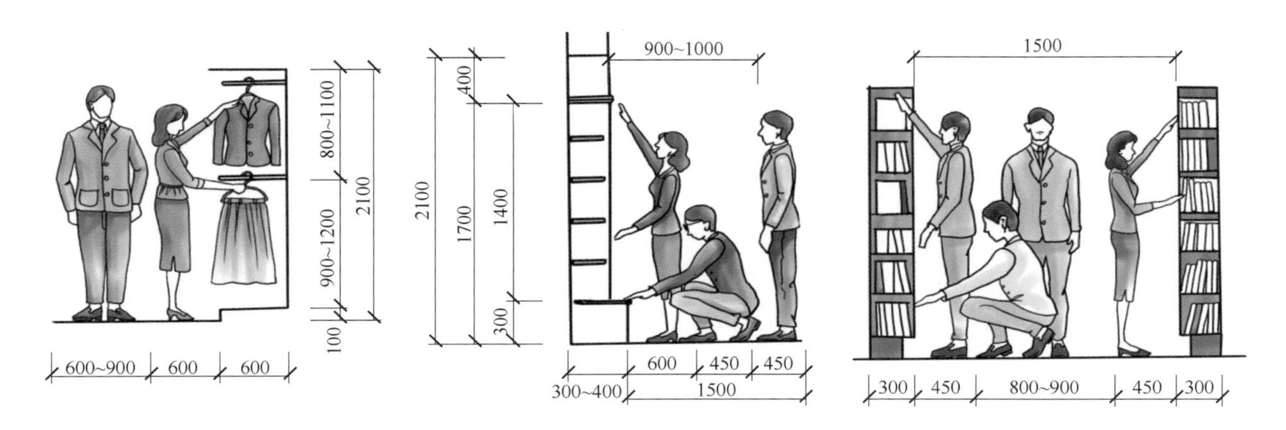

图 1-27　高柜尺寸及间距

（1）货架 货架由立柱、背板、托臂（羊角）与层板组成（见图1-28）。立柱边缘有插孔，根据商品大小确定托架间距。当货架背靠背放置时，为加大储货量，端头可各增加一个短货架（见图1-29）。散装食品货架见图1-30。

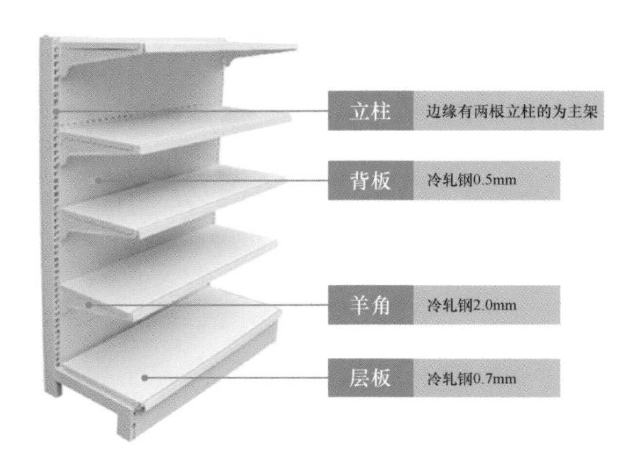

图1-28 货架的组成

图1-29 两个端头增设短货架

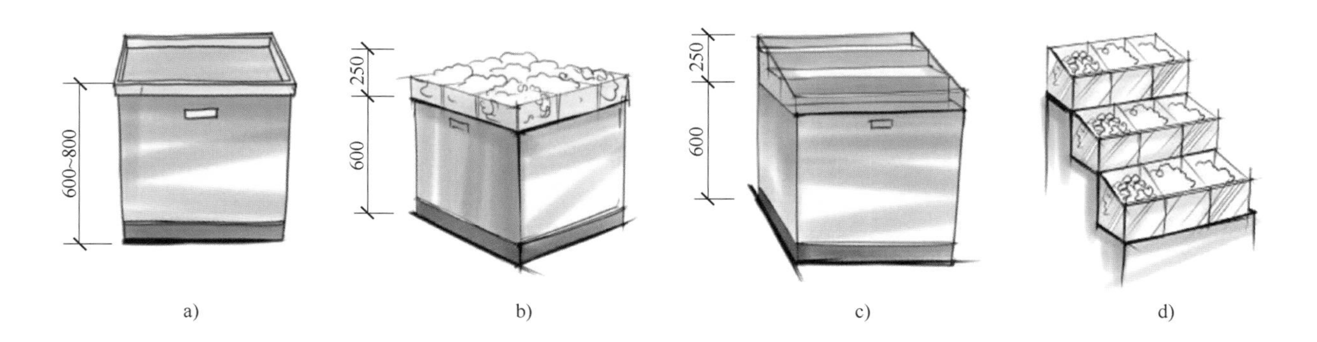

图1-30 散装食品货架

a）平柜 b）糖果用平柜 c）阶梯柜 d）立式散柜

（2）陈设柜 陈设柜也称立柜，当占据整面墙时也称展示墙，可用于展示品牌故事或进行销售活动，设置时须考虑避开风口、消防门等设备（见图1-31和图1-32）。

除陈设柜外，单挂衣架、双挂衣架、丁字形挂衣架也是服装类陈设的主要形式（见图1-33）。

（3）柱子 柱子不仅可作为立面装饰，也可作为店内广告灯箱包柱，还可设计成独特的道具（见图1-34）。

图 1-31　服饰展示墙

图 1-32　常见立柜

a)

b)

c)

图 1-33　单挂衣架、双挂衣架、丁字形挂衣架尺寸

a）单挂衣架：长 × 宽 × 高（600 ~ 1200）mm ×（450 ~ 600）mm ×（950 ~ 1500）mm　b）双挂衣架：长 × 宽 × 高（600 ~ 1200）mm ×（450 ~ 600）mm ×（950 ~ 1500）mm　c）丁字形挂衣架：长 × 宽 × 高（600 ~ 900）mm ×（450 ~ 600）mm ×（950 ~ 1500）mm

（4）智能化设备

随着科技被运用到商业环境中，诸如互动视频橱窗、智能试衣镜（见图 1-35）、人脸识别付款机等的智能化设备，将技术与艺术相融合，为购物空间注入了活力。智能化设备可以独立陈设在购物空间中，也可以和展示墙相结合，通过互动将商品呈现给顾客，实现多感官的信息传递和购物体验。

2. 弯腰及曲膝道具

道具设计时须考虑弯腰、曲膝、立姿构成的连贯动作。弯腰时，人手取物的高度为 700 ~ 900mm。曲膝和下蹲时，人手取物范围低至地面。常见的弯腰及曲膝道具有各种中岛台，通过高低错落营造层次感（见图 1-36 和图 1-37）。

图 1-34　购物空间中的柱子设计

图 1-35　智能试衣镜

a)

b)

c)

图1-36　各式中岛台

a）鞋店中岛台　b）服装店中岛台　c）超市中岛台

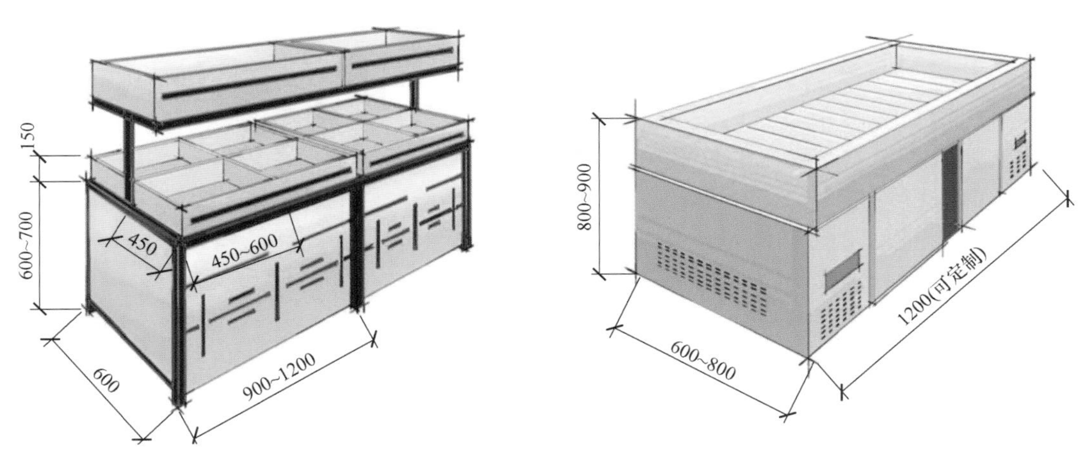

图 1-37 干货柜、水产中岛台

3. 坐姿道具

坐姿道具主要用于休息区（见图 1-38）、收银区、试穿区及洽谈区等。以东亚人身高为参考依据，座位高度宜为 400～420mm，这是根据坐下时膝关节到地面的距离确定的。坐下时肘高为 630～650mm，故桌面高度应为 620～680mm，书写桌面高度为 640～660mm，较精细的操作桌面高度为 700～780mm。

图 1-38 营业厅休息区坐姿道具

五、流线组织

流线组织将主次通道经由集散的方式衔接，运用单向、双向、环形等手法实现有效引导客流的效果。

（一）流线组织设计

① 客流动线应能使顾客通畅浏览，并尽可能直达拟选购区域，避免单向折返或进入死角。主通道交叉处应避免尖角，且符合最远安全疏散要求。

② 顾客、后勤和货物流线避免交叉且洁污分流，无法避免时可设立过厅加宽通道，或错峰使用。

③ 水平流向可通过幅宽、地面材料、图案的变化，与出入口、楼（电）梯对应，区分主、次、支流。

④ 垂直流向应迅速运送和疏散人流，分布适当，主要节点靠近出入口。

⑤ 流线交汇处可设置广告信息取阅、多媒体浏览和引导标志（见图 1-39），并有卫生间及休憩设施。

图 1-39 多媒体浏览和引导标志

流线组织设计不只是主次通道的简单布局。井然有序的购物环境需要分流性、便捷性与安全性，即提供定性（表明性质、内容）、定点（提供时空坐标）、定向（诱导、指引行为）等服务设施，如重复出现统一的标识、灯箱、霓虹灯、旗帜等，引导顾客有意识地寻找到目标（见图 1-40）。

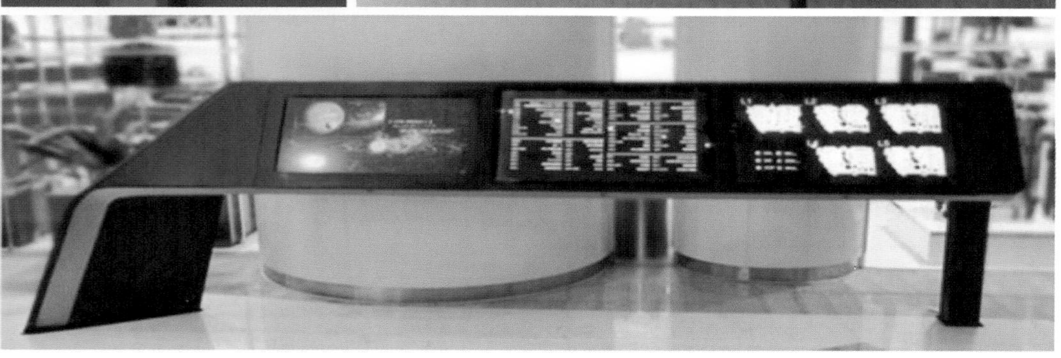

图 1-40 服务设施标识

（二）流线组织图示例（见图 1-41 和图 1-42）

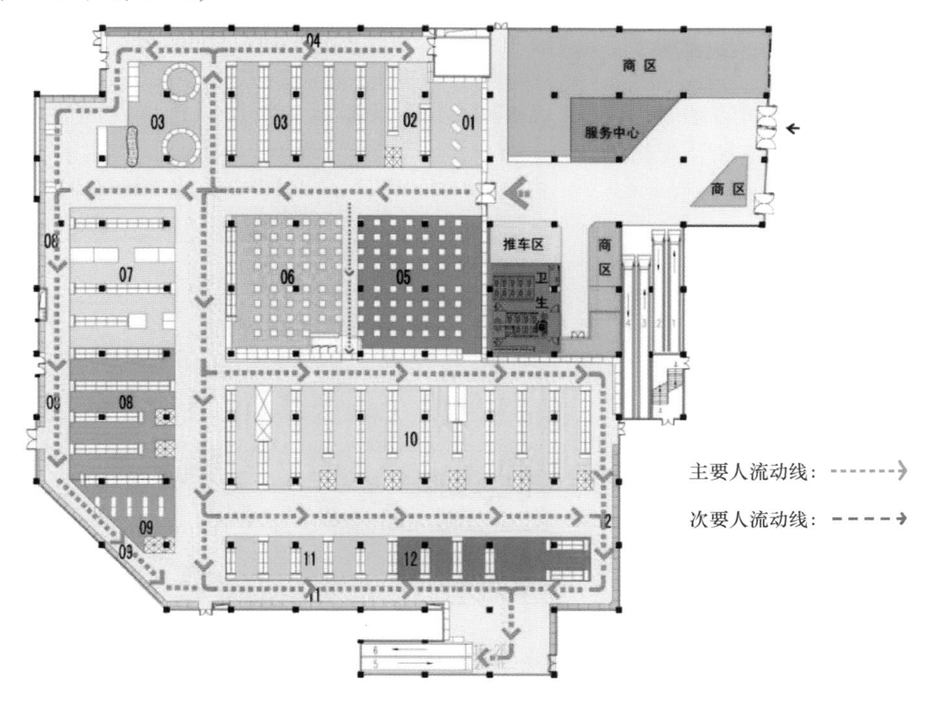

图 1-41　环流式人流分析图

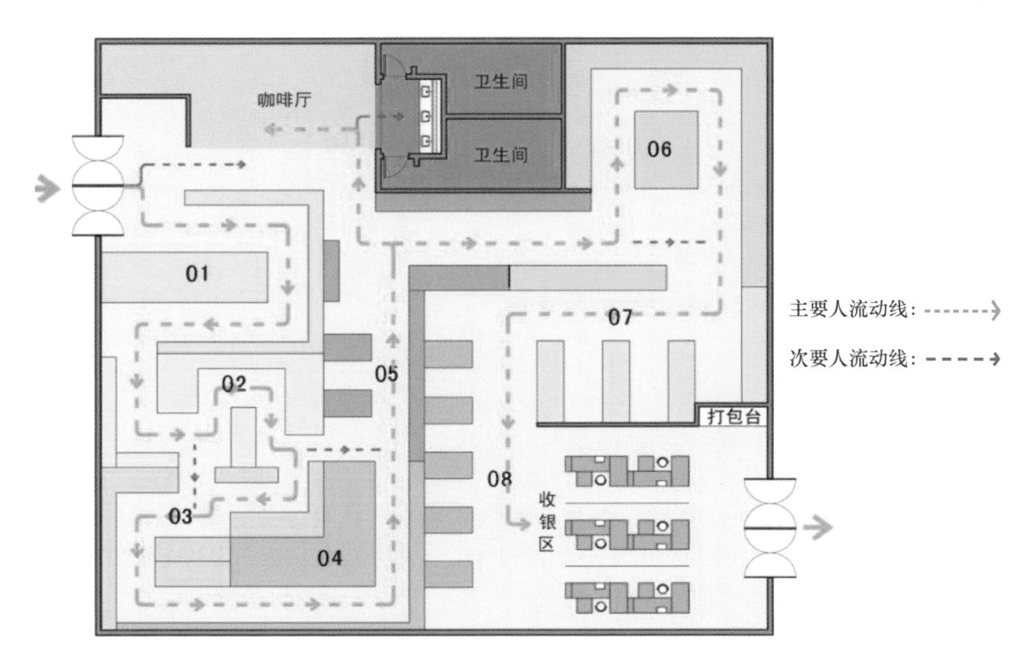

图 1-42　单向人流分析图

六、照明和色彩

自然采光应为首选采光方式（见图1-43）。利用日光及天光的自然变幻产生交错斑驳的光影效果，更能体现空间的魅力与美感，故应尽可能增加采光面的通透度，同时设置百叶等遮光措施灵活调节光线，避免产生眩光及光污染。

图1-43　购物空间的自然采光

出于建筑外立面或广告位的需要，大型购物空间往往没有足够的外窗面积用于自然采光，且许多商铺也置于建筑中央，在日益激烈的商业竞争中，购物空间要在周边环境中脱颖而出，人工照明亦是一大关键因素。令人感到舒适满意的照明设计能延长顾客停留时间。此外，根据商品陈列位置及季节变化的需要，也应适当增加人工照明（见图1-44）。

人工照明按功能可分为一般照明、重点照明、装饰与艺术照明。

（一）一般照明

一般照明也称功能照明或环境照明，只需满足基本视觉要求，达到符合规范的显色指数和照度即可。一般照明以泛光灯具为主，要求亮度均匀（见图1-45）。常用一般照明灯具有筒灯与格栅灯等（见图1-46）。

在照度计算中，室内建筑物及装饰物表面的材料对结果会产生很大影响。因此，在设计室内表面时，所选择的表面材料要有利于提高光源的光效。表面材料反光系数过低，会使室内亮度不足；若过高，又会影响室内亮度分布的均匀性，并产生眩光。

图 1-44　购物空间的人工照明

图 1-45　一般照明（环境照明）

（二）重点照明

重点照明又称局部照明，即只针对展示商品的特殊照明，要求醒目突出，照度为一般照明的 3 ~5 倍，以衬显商品的立体感和质感。重点照明与一般照明结合后效果较好，不建议单独使用，以免重点照明区域与周围环境的亮度对比过大，造成视觉疲劳。此外，重点照明光源勿直射顾客可视范围（见图 1-47）。

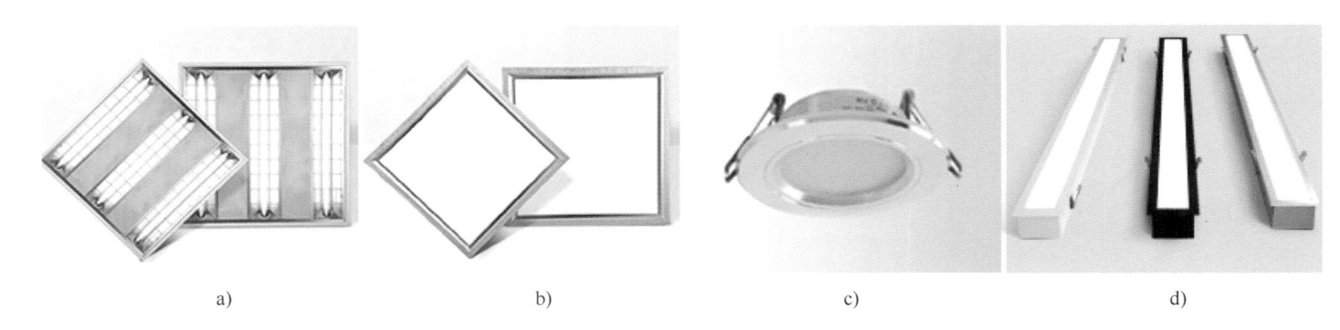

a)　b)　c)　d)

图1-46　常用一般照明灯具

a）工程级格栅灯　b）集成款面板灯　c）LED筒灯　d）嵌入式灯盘

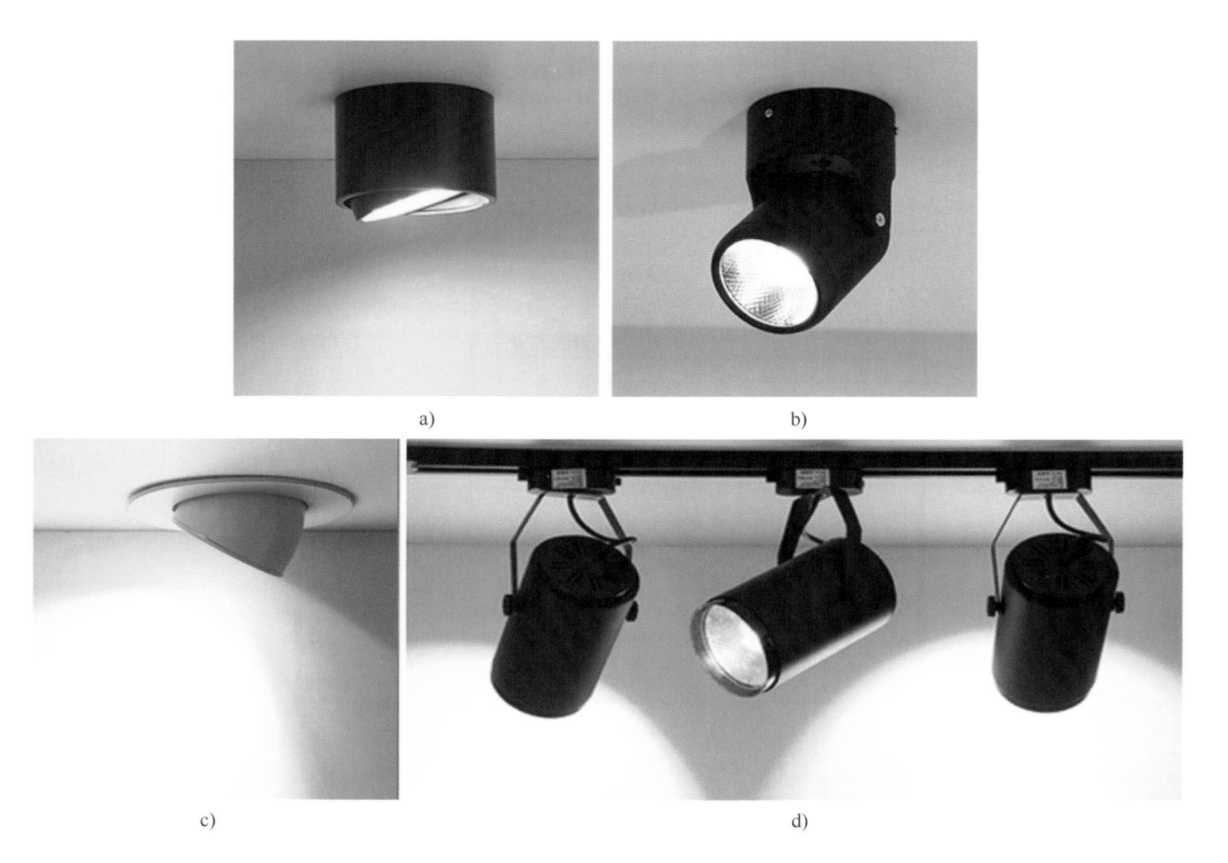

a)　b)　c)　d)

图1-47　常用重点照明灯具

a）明装射灯　b）象鼻射灯　c）牛眼射灯　d）轨道射灯

重点照明可分为三类：陈列架照明（见图 1-48）、柜台照明（见图 1-49）与投射灯照明（见图 1-50），通过灯具、投光角度和光色不同，制造出特定的空间气氛，表现所经营商品的性质特点，渲染环境氛围。

图 1-48　陈列架照明

（三）装饰与艺术照明

装饰与艺术照明是为了产生特殊效果而设置的照明。常见的装饰与艺术照明灯具有霓虹灯、LED（发光二极管）、COB 灯、光导纤维灯、投影灯和 HID（高压气体放电灯）（见图 1-51）。

图 1-49　柜台照明

图 1-50　投射灯照明

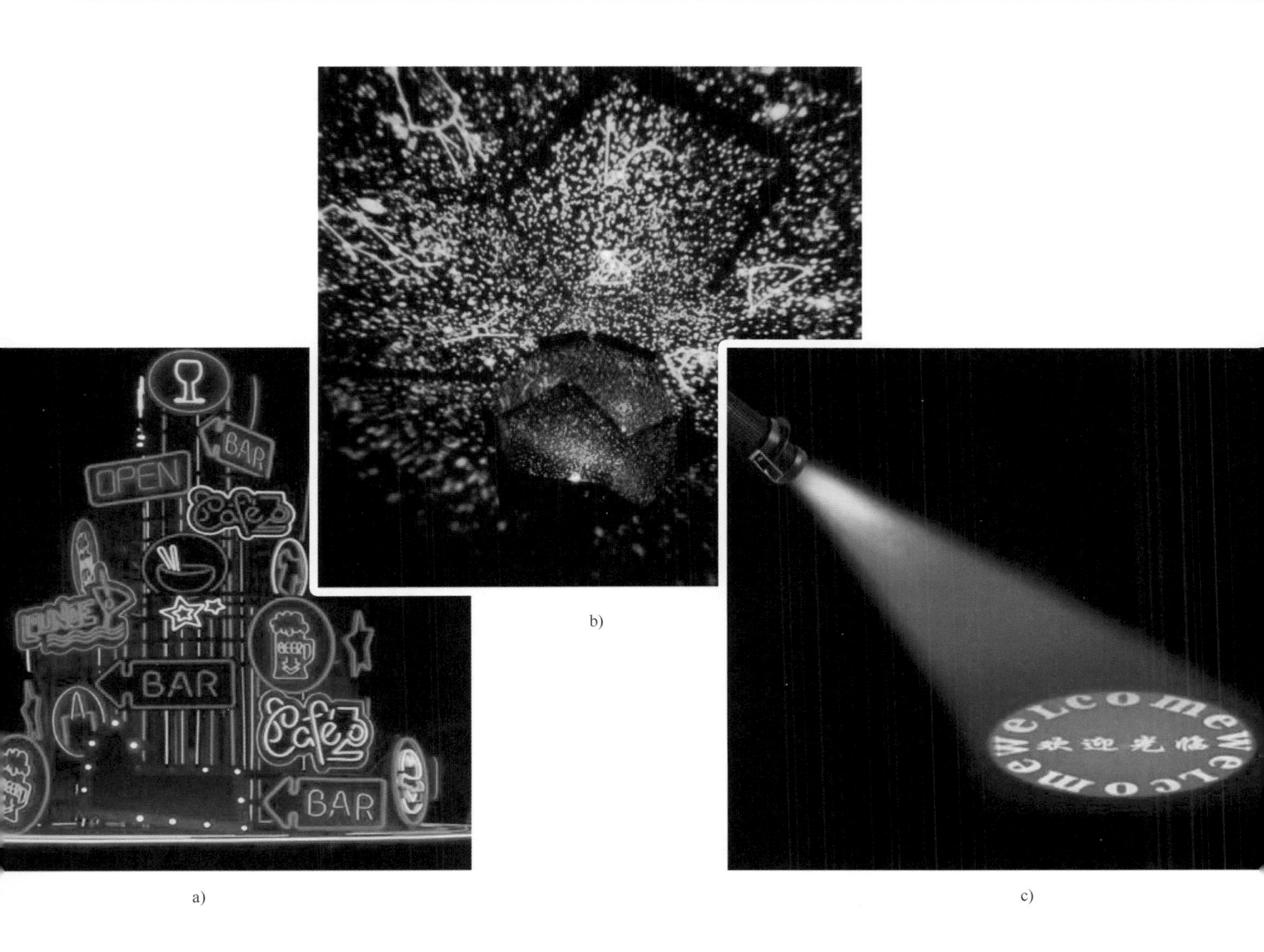

b)

a)

c)

图 1-51　常用装饰与艺术照明灯具

a）霓虹灯　b）光导纤维灯　c）投影灯

（四）色彩设计

购物空间的色彩设计应以商品属性及目标人群特质为依据，营造对应的环境氛围，传达情感进而强化购物欲。例如，居家生活用品类专卖店可选择低饱和度的中性色调（见图 1-52）；彩妆类专卖店适合鲜艳明快的配色（见图 1-53）；运动服饰装备类则可选择热情奔放的配色（见图 1-54）。

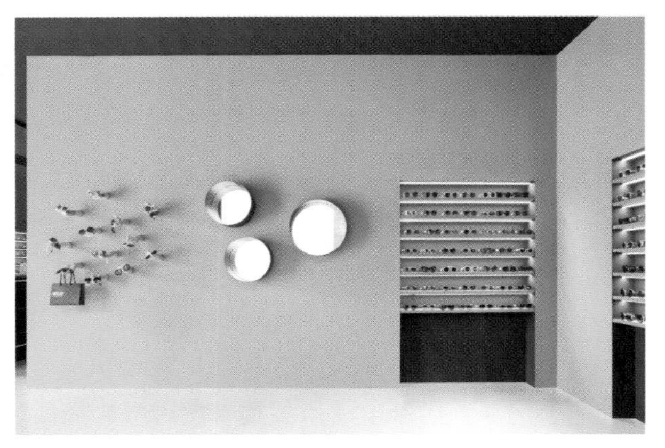

图 1-52　低饱和度的中性色调

图 1-53　鲜艳明快的配色

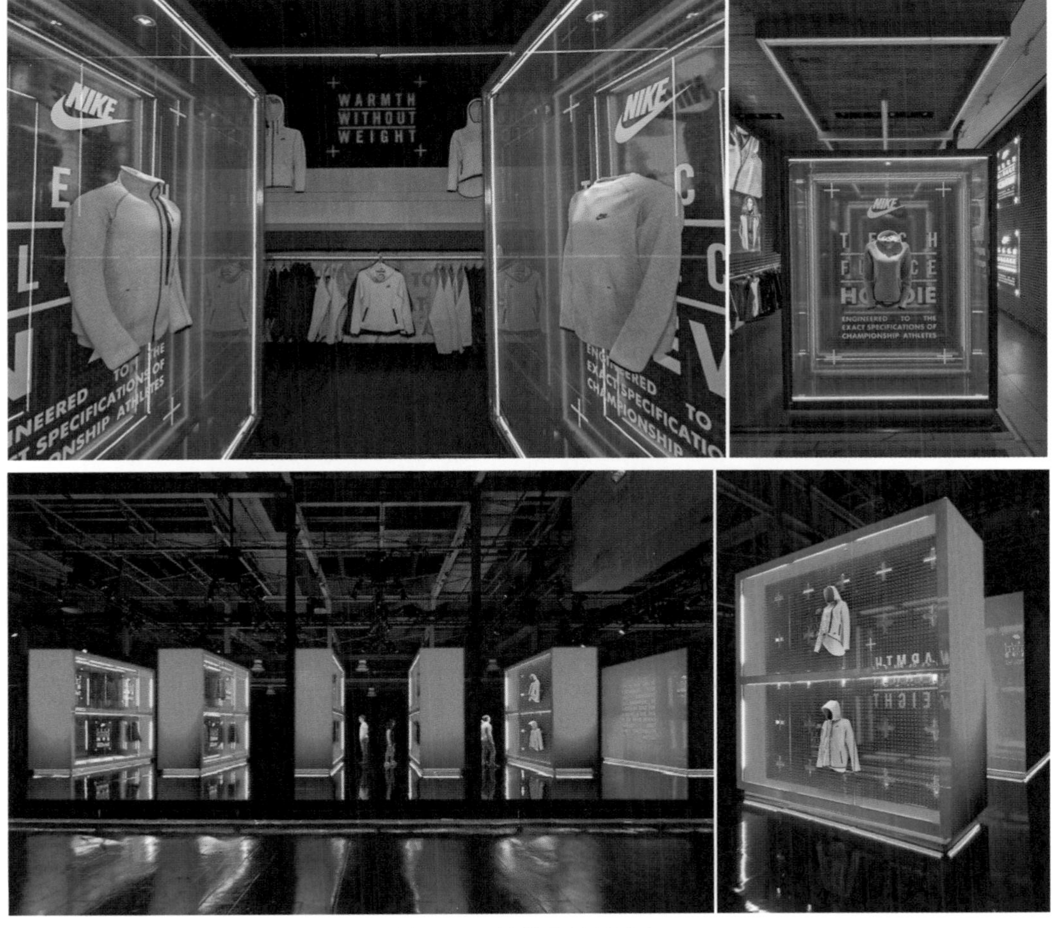

图 1-54　热情奔放的配色

单元二　附属空间

附属空间即服务于营业厅的后勤区域，提供正常营业所需的各项功能支持。常见的附属空间有为顾客服务的休息处、卫生间、停车库（场）、无障碍设施，和为工作人员服务的办公室、餐厅、盥洗室、储藏室等。

一、办公室

办公室应避开顾客流线及视线（见图 1-55）。在满足使用功能的前提下，应尽可能缩减办公室面积，以留更多空间给展销部分。平面形状、采光、通风等方面可适当降低要求和等级，但须满足消防安全规范。

图 1-55　办公室

二、盥洗室

盥洗室应置于过渡空间或交通联系通道一侧，与楼梯间毗邻为宜，防止潮气渗透至相邻空间。管井应尽可能与其余卫生设施就近对应敷设，无自然通风时应采取机械换气措施。设置独立清洁间时，应避免事故及盗窃行为的发生（见图 1-56）。

图 1-56　盥洗室

三、储藏室

储藏室的面积应为营业厅总面积的15%~20%，宜邻近货物通道，与客流分流。因采光要求较低，故可做夹层增加面积，但应满足消防标准（见图 1-57）。对有特殊存放要求的商品，如食品类，其用房地面、墙裙等均应为可冲洗的面层，且不得采用有毒或易发生化学反应的涂料。鲜活食品、药品对于温湿度、洁净度、通风防霉有相应指标，应分设库房。

对于珠宝首饰等贵重商品，其储藏室的安保防盗措施应符合规范要求。

图 1-57　储藏室

四、其他空间

大中型商店应设占营业厅面积 1%～1.4%的顾客休息室（区），以及母婴室（见图 1-58）、亲子游乐区、第三卫生间（见图 1-59）等，并充分考虑无障碍设施，同时避免管井、噪声、油烟、排污等对营业场所造成干扰。

图 1-58　母婴室

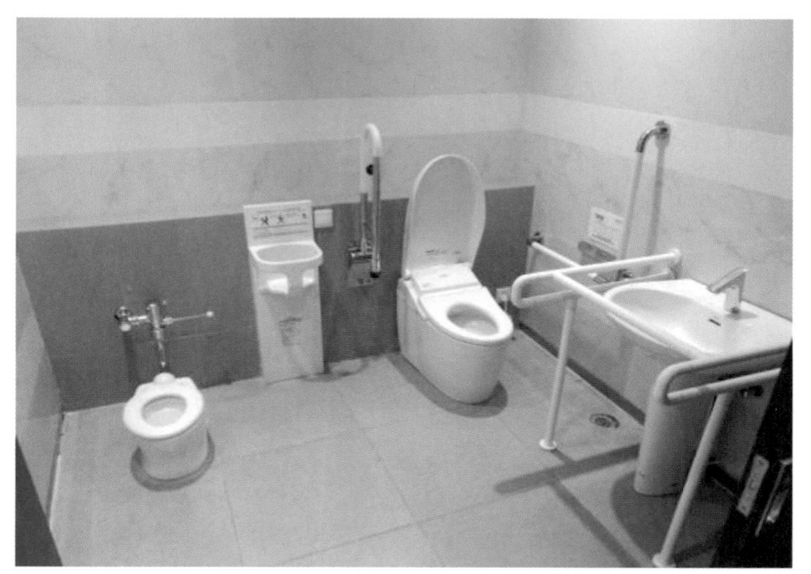

图 1-59　第三卫生间

本模块对应 1＋X 考试要点

1）能掌握并运用平面功能布局的原则。

2）能根据需求选择照明类型。

3）能识别常用装饰材料。

模块二

餐饮空间室内设计

“民以食为天”，饮食是生存的首要问题。而今人们对饮食的需求不仅是物质上的，更是精神上的。因此，营造符合人们观念变化所需的就餐环境，是室内设计的关键。

单元一　综　　述

一、概念

餐饮空间是食品生产经营行业通过即时加工制作、展示销售等手段，向消费者提供食品和服务的场所（见图2-1）。

现代餐饮空间中，人们不仅需要美味佳肴，更重视用餐环境。餐饮空间设计强调的是一种更高的文化和精神追求。设计内容包括位置选择，店面外观（见图2-2）及内部空间设计，色彩、照明及陈设布置等（见图2-3）。

二、分类与级别

餐饮空间是以提供饮食、烹饪及相关服务为主的场所，主要有以下分类。

① 各饭店、宾馆、酒店、会所、公寓、娱乐场所中的餐饮系统，如中西宴会厅、自助餐厅、咖啡厅等。

② 各盈利性餐饮机构，如社会餐厅、连锁餐厅、食街、茶楼等。

③ 非盈利和半盈利的餐饮服务机构，如企事业单位食堂或学校、幼儿园、图书馆、医院餐厅等（见图2-4）。

餐厅级别、标准及设施见表2-1。

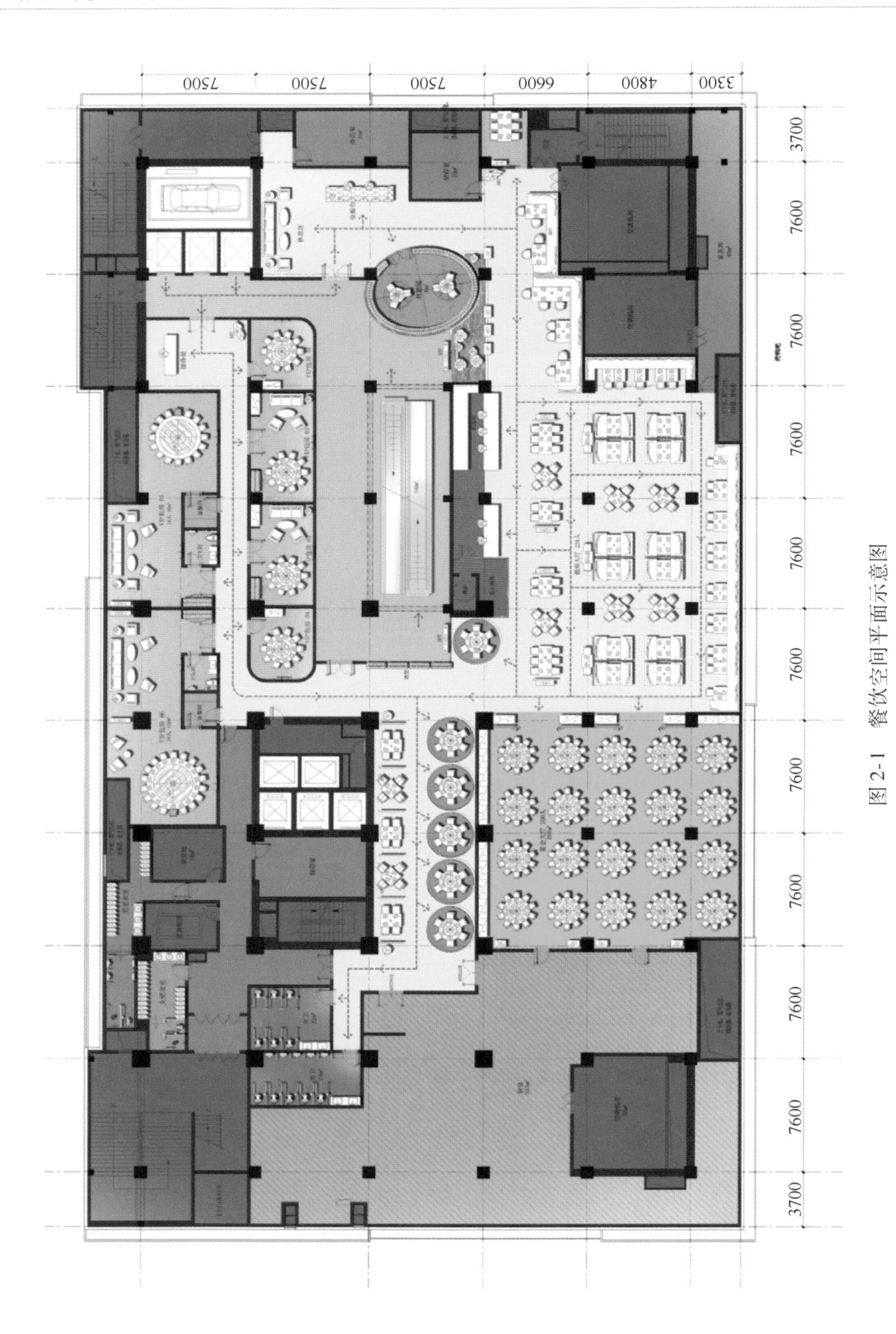

图 2-1 餐饮空间平面示意图

图 2-2　店面外观

图 2-3　店内空间

图 2-4　餐饮空间分类

a）中餐厅　b）西餐厅　c）快餐厅　d）自助餐厅　e）咖啡厅　f）酒吧

表 2-1　餐厅级别、标准及设施

类别	标准及设施		级别 一	二	三
餐馆	服务标准	宴请	高级	中级	一般
		零餐	高级	中级	一般
	建筑标准	耐久年限	不低于二级	不低于二级	不低于三级
		耐火等级	不低于二级	不低于二级	不低于三级
	面积标准	餐厅面积/座	≥1.3m^2	≥1.10m^2	≥1.0m^2
		餐厨面积比	1:1.1	1:1.1	1:1.1
	设施	顾客公用部分	较全	尚全	基本满足使用
		顾客专用厕所	有	有	有
		顾客用洗手间	有	有	无
		厨房	完善	较完善	基本满足使用
饮食店	建筑环境	室外	较好	一般	
		室内	较舒适	一般	
	建筑标准	耐久年限	不低于二级	不低于三级	
		耐火等级	不低于二级	不低于三级	
	饮食厅面积/座		≥1.3m^2	≥1.1m^2	
	设施	顾客专用厕所	有	无	
		洗手间（处）	有	有	
		饮食制作间	能满足较高要求	基本满足要求	

注：1. 各类各级厨房及饮食制作间的热加工部分，其耐火等级均不得低于二级。

2. 餐厨比按 100 座及 100 座以上餐厅考虑，可根据饮食建筑的级别、规模、供应品种、原料贮存与加工方式、采用燃料种类与所在地区特点等不同情况适当增减厨房面积。

3. 厨房及饮食制作间的设施均包括辅助部分的设施。

三、功能组成

按功能不同，餐饮空间主可分为客区、厨区、后勤区三部分（后两部分统称后厨）。客区包括客席大厅、化妆间、收银台、包厢。厨区包括厨房、仓库。后勤区指更衣室、休息室、办公室等。餐饮空间的组成见图 2-5。

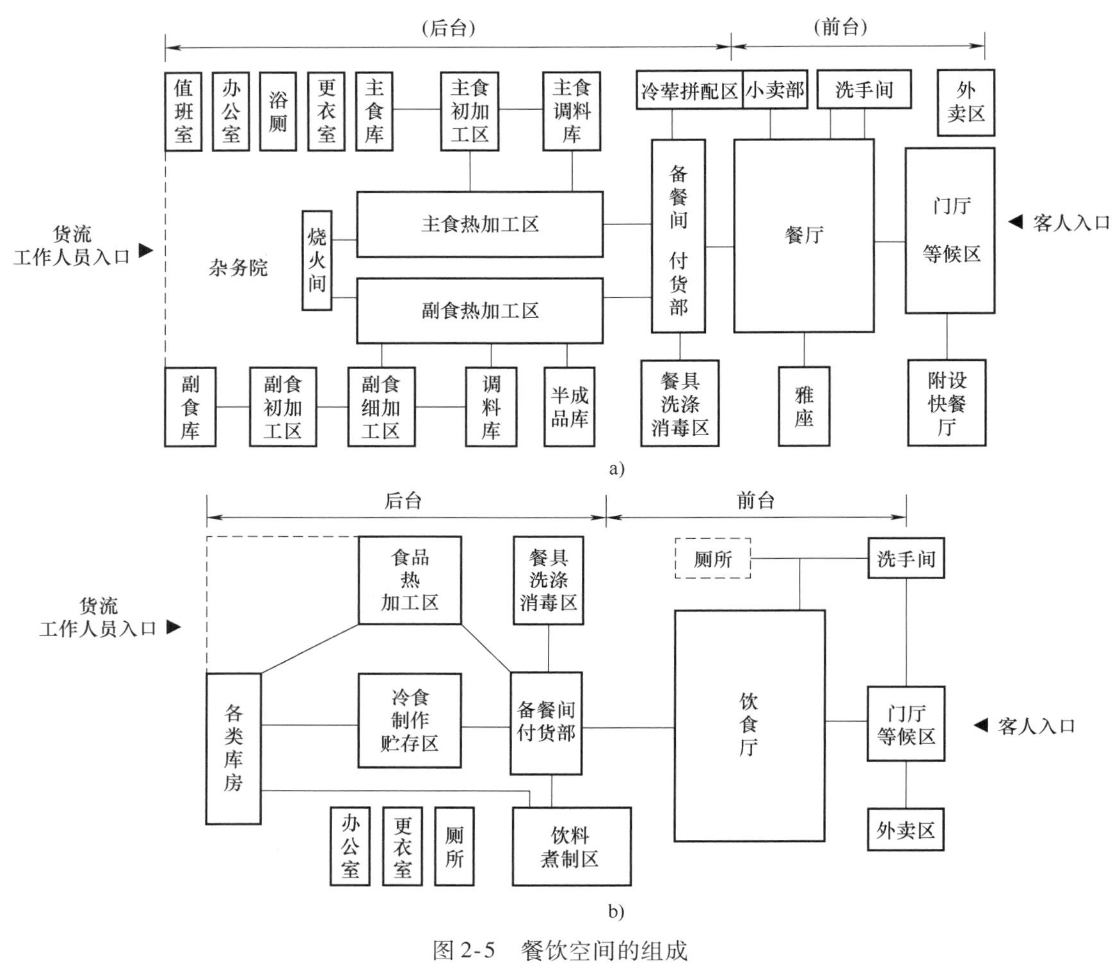

图2-5 餐饮空间的组成

a）餐馆组成 b）饮食店组成

单元二 类 型

一、宴会厅

宴会厅是举办宴会、酒会、商务会议等活动的空间，也是人们交流情感、使不同意见达成一致的调和空间。宴会厅根据人数可分为小型宴会厅（约100人）、中型宴会厅（200~300人）、大型宴会厅（约500人）。空间设计要求通透、宽阔，可设舞台，常做成对称形式，以便布置和陈设，创造庄严隆重的气氛。此外，还须为陆续前来的宾客提供聚集、交往、休息逗留的空间（见图2-6）。

图 2-6　宴会厅

a）小型宴会厅　b）中型宴会厅　c）大型宴会厅

二、主题餐厅

主题餐厅是围绕一个或多个主题（如传统文化、历史故事、人物形象等），向顾客提供饮食所需的基本场所。其特点是围绕既定主题营造气氛，所有产品、服务、色彩、造型及活动都与主题有关，使其成为顾客识别餐厅特征和产生消费行为的重要因素，见图 2-7。

图 2-7　主题餐厅

a）魔法国度主题餐厅　b）Hello Kitty 主题餐厅　c）书籍主题餐厅　d）海洋部落主题餐厅

主题餐厅重视对品牌的体现和塑造，使之成为卖点，可从所在地的地域环境、自然条件、生活方式、人文景观及本土材料上挖掘，提供别致的用餐场所，供顾客享受饮食文化，感受深层次的内涵与韵味。

三、自助餐厅

自助餐厅是客人自选菜点的餐厅（见图2-8）。餐厅内的食物分类依次放置，如前菜、冷餐、热菜、米饭、水果、饮（冰）品等，待客人自选后按实价结算付款。其特点是供应迅速、销量大、服务员少、客人以自我服务为主。自助餐厅的管理重点是菜点台的布置，菜点台通常靠墙或居大厅中间，呈岛台状，以客人取用方便为宜。

a)

b)

图2-8　自助餐厅

a）菜点台设在大厅靠边一侧　b）菜点台设在大厅中央

四、快餐厅

快餐最早出现于西方，英文为Quickmeal或Fastfood，即预先做好并能迅速提供给顾客的饭食，如套餐、定食等。快餐厅的设计要体现生活节奏，注重客人、服务员流线，常用简约的手法进行设计（见图2-9）。

五、咖啡馆、酒吧

咖啡馆是以供应饮料、咖啡为主，兼供小吃、西餐及快餐的餐厅。尽管最初建立咖啡馆是出于宗教目的，但很快这些地方就成了下棋、闲聊、唱歌、跳舞和欣赏音乐的重要场所（见图2-10）。

酒吧是提供含有酒精或不含酒精的饮品及小吃的场所。功能齐全的酒吧一般有吧厅、吧台、包厢、音响室、厨房、洗手间、布草房（换洗衣室）、储藏间、办公室和休息室等。酒吧设备包括吧台、酒柜、冰柜、制冰机、厨房设备、音响设备等。此外，许多酒吧还添置了快速酒架（Speed Rack）、酒吧枪（Bar Cun or Liquor Gun）、苏打水枪（Soda Gun or Soda Dispenser）等电子酒水设备（见图2-11）。

a)

b)

c)

图 2-9　快餐厅

a）饮品店　b）西式快餐厅　c）中式快餐厅

a)

b)

图 2-10　咖啡馆

a）工业风格咖啡馆　b）猫屎咖啡馆

a)　　b)

图 2-11　酒吧

a）酒吧收银台　b）工业风格酒吧

单元三　设计要点

一、门厅

门厅有集散顾客、订座、引餐、休息等候、收银、销售部分酒品饮料的作用，见图 2-12。作为前导空间，它是餐厅形象设计的重点，设计时应充分考虑如何展示餐厅品牌文化和菜系特点。有些门厅的楼梯在满足功能的基础上，也是室内设计的重要构图元素（见图 2-12）。

a)　　b)

图 2-12　门厅

a）中式门厅　b）东南亚式门厅

二、就餐区

就餐区是餐厅的主要部分，主要为顾客提供就餐席位。坐席的配置有单人式、双人式、四人式、火车式、沙发式、长方形、情人座及家庭式等多种形式（见图 2-13）。就餐区的设计有两个重点：一是组织好就餐路线和服务路线，使畅通，减少交叉；二是顾客活动与服务员工作的各个空间尺寸都要符合人体工程学。

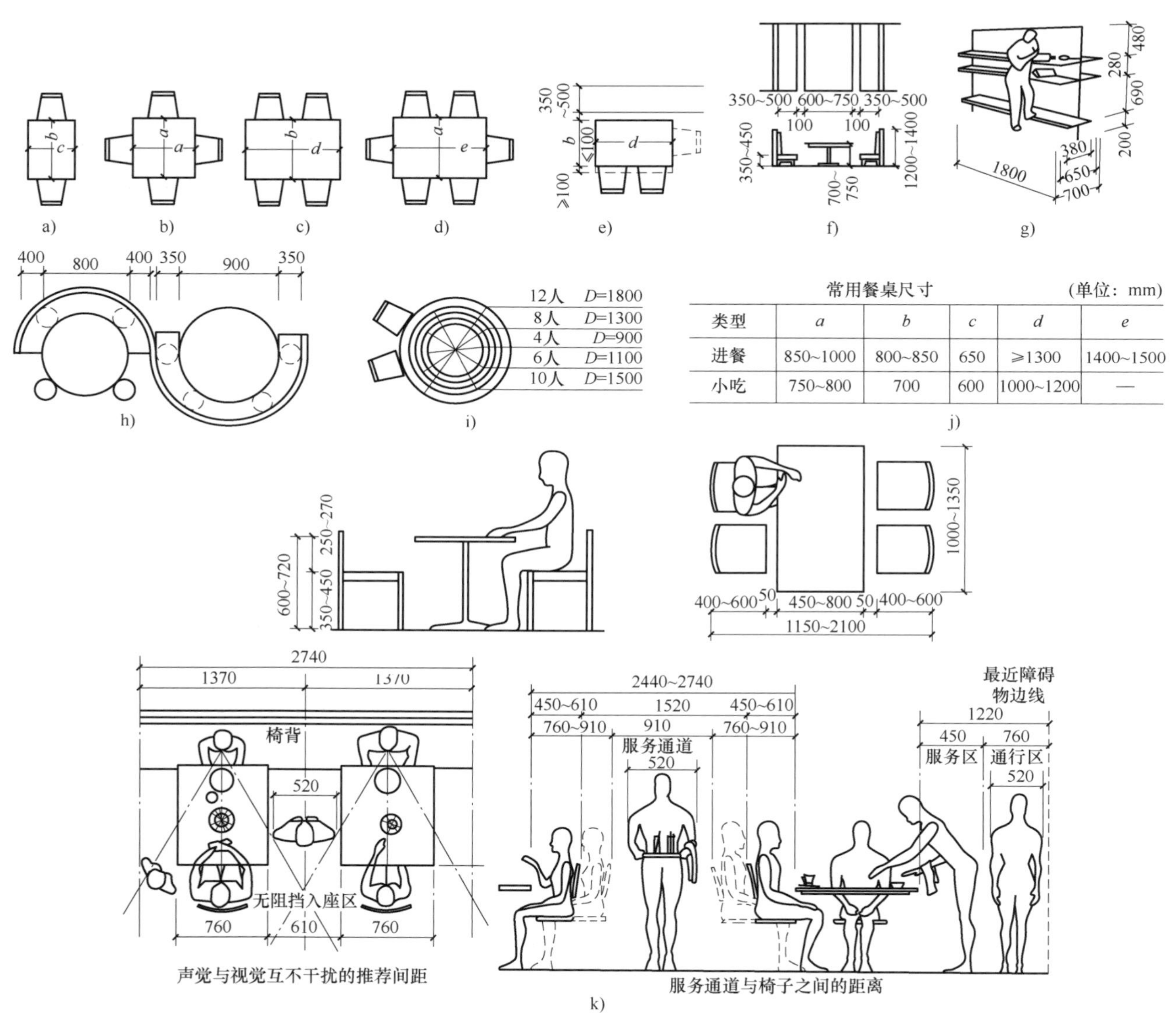

常用餐桌尺寸（单位：mm）

类型	a	b	c	d	e
进餐	850~1000	800~850	650	≥1300	1400~1500
小吃	750~800	700	600	1000~1200	—

图 2-13　就餐区

a）双人长桌　b）四人方桌　c）四人长桌　d）六人长桌　e）沙发座　f）火车座　g）快餐台　h）曲形沙发座　i）圆桌　j）常用餐桌尺寸　k）常规人体工程学尺寸

（一）散座区

散座区根据坐席数可分为单人座、双人座、三人座、四人座等。

单人座一般安排在快餐区，面窗或面壁，以长条形餐桌居多，见图 2-14。

图 2-14　单人座

双人座的方桌尺寸有 600mm × 600mm、800mm × 800mm 等，圆桌直径为 600mm 或 800mm。桌子高度根据不同菜式的需求可选用 700 ~ 800mm 不等的餐桌。双人座常布置在靠窗、靠墙位置，见图 2-15。

图 2-15　双人座

四人座在小型餐厅中使用率最高，桌宽为 600mm，长为 1000 ~ 1350mm，圆桌直径为 900 ~ 1500mm，方桌的摆放方式为垂直或 45°倾斜摆放，见图 2-16。在较大型餐厅里，八到十人座的使用率较高，餐桌尺寸为 1350mm × 850mm、1500mm × 850mm 和 1600mm × 850mm，圆桌直径为 1350 ~ 1800mm。

a)

b)

图 2-16　四人座

a）四人方桌　b）四人圆桌

（二）卡座区

卡座通常是面对面的沙发和中间桌子的组合。“卡座”一词源于英文单词 Car Seat，类似马车车厢中的座位。卡座是较舒适的座椅，布置方式有弧形、S 形、蜂巢形等，见图 2-17。

a)　　b)

图 2-17　卡座区

（三）雅座区

雅座指餐厅中相对独立、舒适的座席，通常是在就餐大厅中利用隔断、家具与植物等元素分隔出来的半封闭空间。有的雅座区设置在夹层上面。雅座区没有就餐区的嘈杂，也没有视觉上的繁杂，适合那些喜欢安静和独处的顾客（见图 2-18）。

a)　　　　b)

图 2-18　雅座区

a）弧形雅座区　b）长形雅座区

（四）包房区

包房也称包间、包厢，原为火车车厢或旅店中设有床位及盥洗设备的私人房间，见图 2-19，这里指餐厅中提供顾客就餐的独立房间。根据就餐人数的不同，包房分为小包房、中包房、大包房、双桌包房等。高档包房还设有单独的会客休息区和卫生间，见图 2-20。设计包房时须注意私密性，以及温度调节与通风换气。

a)

b)

图 2-19　包房

a）中式包房　b）中西结合式包房

c)

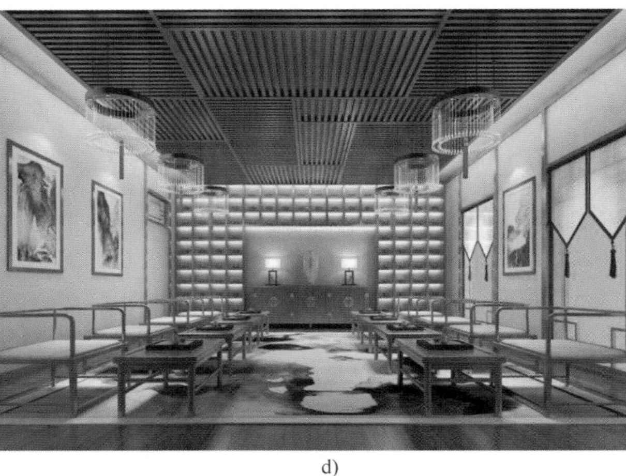

d)

图 2-19　包房（续）
c）简欧式包房　d）日式包房

a)

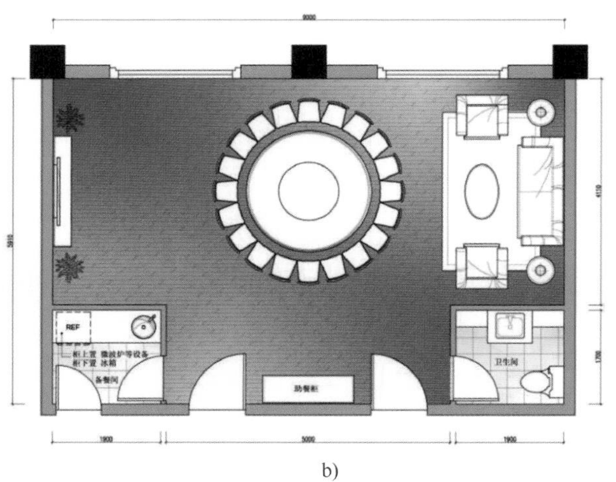

b)

图 2-20　高档包房
a）高档包房效果图　b）高档包房平面图

（五）吧台

吧台除了销售饮料酒品及小吃外，在许多现代娱乐场所还兼做总服务台，见图 2-21。吧台是餐饮空间中展示设计魅力的地方，设计时可将其设置在极具焦点的位置或置于独立大空间中，从而使在吧台就座的客人可与其他不同位置的客人进行视线上的交流与互动，见图 2-22。

图 2-21　吧台效果图

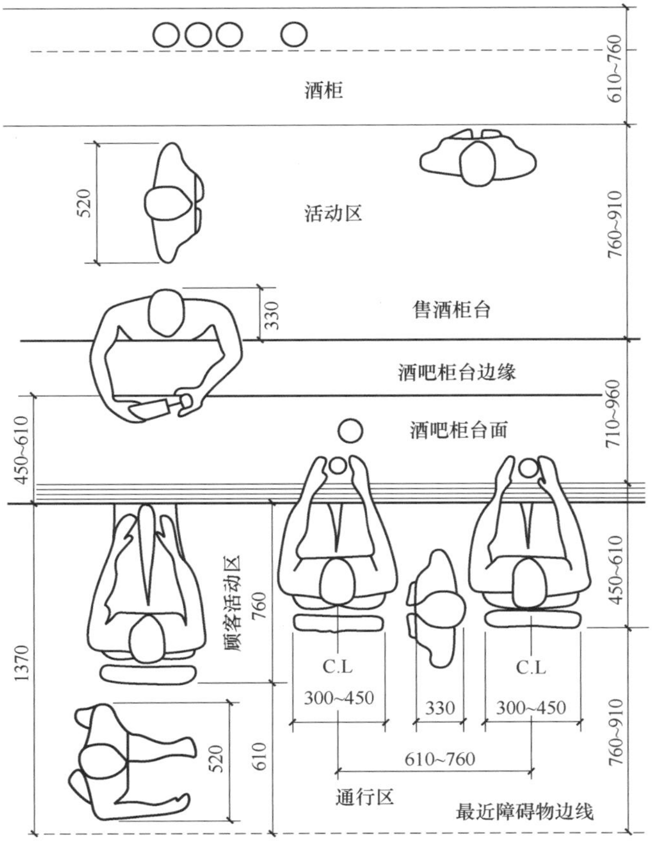

图 2-22　吧台平面图

按照功能，吧台主要分为以下几种形式。

1）酒吧吧台。酒吧吧台供应饮品（包括需现场调配的鸡尾酒等）及小食等。设计时须考虑客人在吧台处的用餐、休息和聚谈。常用设备有收银机、咖啡机、冰箱、冰柜、制冰机、水槽（上下水道）及厨余处理等，见图 2-23。

图 2-23　酒吧吧台效果图

2）点心吧台。咖啡馆、西点屋、冰淇淋店等的吧台须满足饮料调配、点心备餐及收银、取餐的需要，但客人一般不在吧台上用餐，因此不需配置吧凳。常用设备要根据经营项目设置，如保温柜、冷冻品展示柜、制冰机、刨冰机、冰淇淋机、关东煮机、榨汁机、烤箱、微波炉等设备（见图 2-24）。

图 2-24　点心吧台

3）自助吧台。自助吧台主要提供点餐、取餐、展示、收银功能，也可兼做部分食品加工及自助餐台。设备根据经营项目设置，如电热炉、高压油炸锅、烤串机、保温汤池、自助餐柜等，见图2-25。

图2-25　自助吧台效果图

三、展示区

（一）食品展示区

食品展示区分为以下三类。

（1）生鲜展示区　通过定制的鱼缸、水槽等人工养殖池来展示生鲜食品，除考虑水温、水质及氧气系统外，还须配备清洗设备，如水龙头、排水沟等。

（2）冷菜展示区　通常与冷菜间相连或设于其内，顾客通过玻璃窗挑选冷菜，由服务员送至餐桌。

（3）热菜展示区　为节约食材及达到最佳效果，常以菜肴模型或多媒体终端展示，直观明了，比传统菜单精准高效，见图2-26。

图2-26　热菜展示区

（二）舞台

大中型餐厅需设舞台，为年会、婚礼等活动提供抬高的空间，见图2-27。舞台可使就餐者的注意力集中于台上的表演，获得理想的观赏效果。舞台通常由一个或多个平台构成，有的可以升降。不设固定舞台的餐厅可预留部分活动空间，采用移动式的表演方式来活跃现场。如表演以餐厅中间的核心区为中心进行环绕式的移动，每到开阔区域，表演者就会停留并与顾客进行互动。无论是固定舞台还是移动表演空间，均须最大限度地满足餐厅各个角落的观赏视角，并避免立柱遮挡。

图2-27 婚礼舞台效果图

四、其他空间

（一）卫生间

卫生间可延续餐厅整体的档次、格调与特色，注重人性化服务的周到，见图2-28。如条件允许，最好增设单独的化妆空间或设置独特的创意机关，给顾客带来惊喜，从而使餐厅获得更多关注。

（二）交通空间

交通空间是联系餐厅各主要空间（如大厅、包房等）及附属空间（如厨房、卫生间等）的必要枢纽，见图2-29。它的流线设计要求客流与服务流线顺畅不交叉，减少流线长度与迂回，并保证宽度要求。此外，交通空间对营造就餐气氛也有一定作用。

图 2-28　卫生间效果图

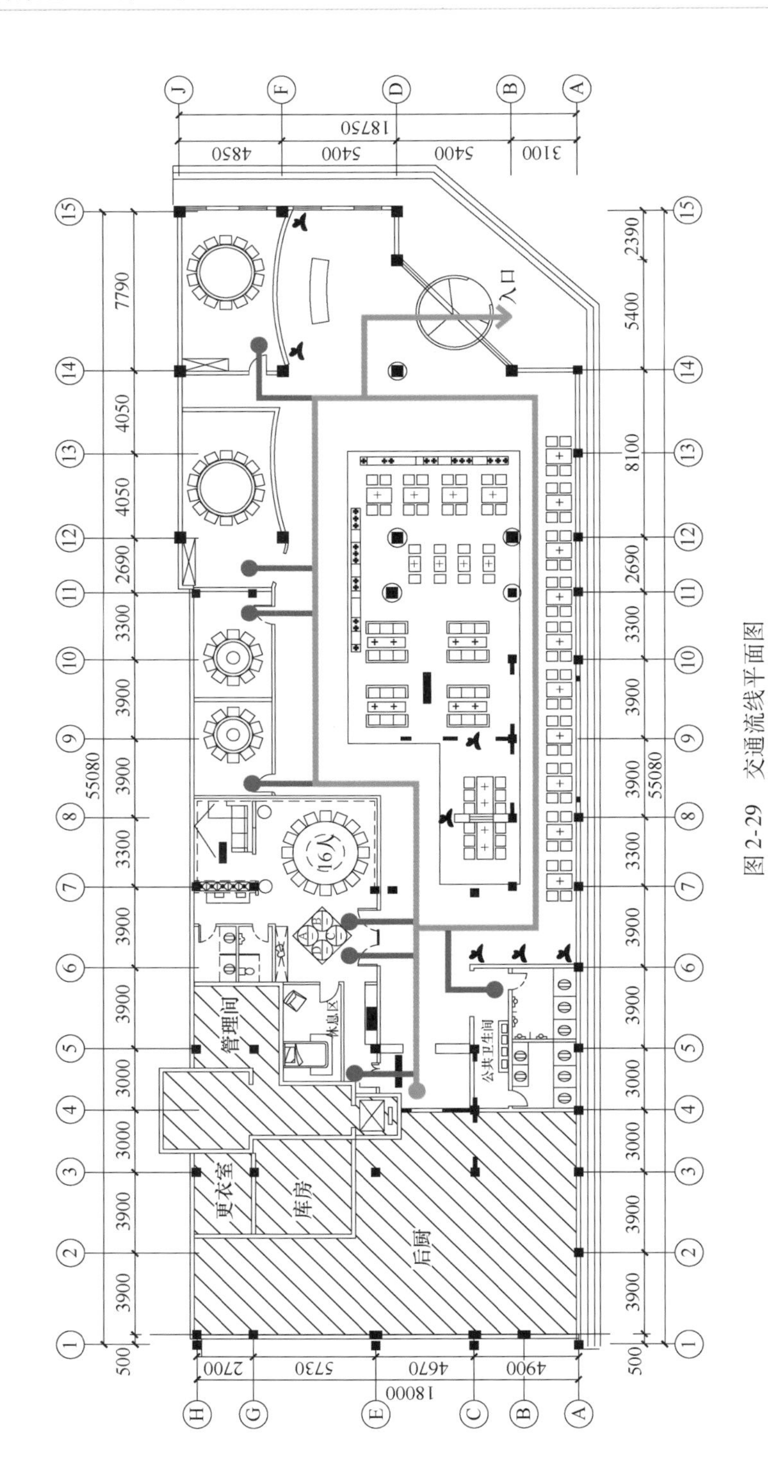

图 2-29　交通流线平面图

五、照明设计

用餐环境的好坏除了与餐饮空间的设计和陈设有关外，光线也是重要因素。约翰内斯·伊顿在《色彩艺术》一书中，曾对光与色在餐饮空间中的奇妙变幻作过这样的描述：“一位实业家举行午宴招待宾客。厨房里飘出的阵阵香味迎接着陆续到来的客人们，大家都热切期盼着午餐。当快乐的宾客围住摆满美味佳肴的餐桌就座之后，主人以红色灯光照亮了整个餐厅。肉看上去颜色鲜嫩，使人食欲大增，而菠菜却变成了黑色，马铃薯显得鲜红。正当客人们惊讶不已时，红光变成了蓝光，烤肉显出了腐烂的样子，马铃薯像是发了霉，宾客立即倒了胃口。当黄色的电灯一开，就把红葡萄酒变成了蓖麻油，把来客都变成了行尸，几位夫人忙站起来离开了房间，没有人再想吃东西了。主人笑着又开了白光灯，聚餐的兴致很快就恢复了。”可见，不同颜色光照下的空间和物体，不但外观颜色会发生变化，产生的氛围和效果也会大不相同，并会直接影响我们对空间和食物的体验，见图2-30。

图2-30　餐厅照明设计

（一）自然光环境

有效利用自然光来营造室内氛围，已成为当今设计师应该研究的重要课题。人类已越来越厌倦工业化带来的人工环境，更渴望由阳光、空气等构成的自然环境，见图2-31。自然光是最适合人类的光线。在餐厅设计中，要充分利用不同类型及大小的窗户以及玻璃幕墙等引入自然光。这样不仅可以节省能源，也有利于健康，并满足人们亲近自然的心理需求。20世纪著名的建筑大师路易斯·康（L. Kahn）曾说过这样一段话：“建造一间房子，为它开扇窗，让阳光进来，于是，这片阳光就属于你了，巧妙运用光是你营造氛围的极佳手段。”

图2-31 自然光环境

（二）人工光环境

人工光源稳定可靠，不受时间、地点、季节和气候条件的限制，较自然光更易于控制，适合特殊环境的需要。它具有自然光所没有的特点，可调节冷暖、强弱、颜色、方向、灯具造型、配光方式、布置方式等，在满足功能要求的前提下还具有较强的审美特征，是室内装饰的重要元素。利用灯光在餐厅不同空间或区域可形成虚拟的“场”，来限定、组织、指示空间，从而创造出具有特定文化氛围与个性的空间。

人工照明对食客的味觉、心理有潜移默化的影响。此外，作为一种物质语言，与餐饮企业经营理念相适应的照明系统能有机地衬托餐饮企业的个性和风格。照明设计是一个整合的过程，要正确处理明暗、光影、虚实、冷暖等关系，从而达到饮食之美与环境之美的统一（见图2-32）。

灯饰会勾起人们对餐饮的记忆，故须与餐厅的定位相适应，不同定位有不同的照明效果要求。如以妇女儿童为主的休闲餐饮，照明效果以明亮为主，有活跃之意。咖啡厅、西餐厅是讲究情调的地方，灯饰宜显示沉着、柔和之美，见图2-33。

六、色彩设计

色彩能改善空间的视觉感受，使空间尺度在视觉上发生变化。色彩更是一种情感语言，人们对色彩有着丰富的感知。不同的色彩搭配，能给人不同的心理感受，也能营造出不同的氛围。如橙色给人晴朗、新鲜、朝气蓬勃的感觉；蓝色给人美丽、文静、理智、安详与洁净的感觉；紫色给人优雅、神秘的感觉等。

图 2-32　人工照明

a)　　　　　　　　　　　　　　　　　　b)

图 2-33　餐厅照明效果图

a）西餐厅照明效果图　b）中餐厅照明效果图

（一）设计要点

1）遵循“大调和、小对比”的原则，根据不同功能确定整体基调。

2）色相宜简不宜繁，纯度宜淡不宜浓，明度宜明不宜暗，主色彩不宜超过 3 个，见图 2-34。

3）阳光较少的区域宜用明亮的暖色，阳光充足的区域多用淡雅的冷色。

4）门面店招、接待区、电梯间可用高明度色彩。

5）咖啡厅、酒吧等使用低明度的色彩，烘托神秘的情调和高雅的氛围，见图 2-35。

图 2-34　西餐厅色彩设计效果图

6）餐区使用纯度较低的淡色调，可以给人一种安静、舒适的感觉。

7）快餐厅、小食店等使用纯度较高或鲜艳的色彩，可营造轻松、欢快、自由的氛围，加快人们的用餐进度。

（二）色彩的应用

餐饮空间的色彩以暖色为主（见图 2-36），可增进食欲。虽同为暖色调，但色彩间仍有很大差异。如中餐厅若是皇家宫廷式，则色彩宜热烈浓郁，以大红和黄色为主；若为园林式，则以粉墙黛瓦为主，略带暖色，以熟褐色的木构架穿插其中，也可以木质本色装饰。西餐厅多用较淡雅的暖色系，如粉红、粉紫、淡黄或白色等，也有褐色系的，有的高档餐厅还施以描金。小餐厅可用冷色调，如海鲜主题餐厅为体现海底特征，可采用蓝色系，再辅以海洋元素装饰构件（见图 2-37）。

图 2-35　咖啡厅色彩设计效果图

图 2-36　暖色调效果图

图2-37　冷色调效果图

单元四　后勤及厨房

后勤和厨房空间分为食品处理区与非食品处理区。食品处理区即厨房，包括粗加工区、切配区、烹调和备餐区、专间、食品库房。非食品处理区包括办公室、厕所、更衣室、库房等。餐具清洗消毒和保洁区域分为清洁操作区、准清洁操作区、一般操作区。

一、非食品处理区

1. 办公室

办公室是行政管理、财务、技术人员的工作场所（见图2-38），一般安排在独立区域，与餐厅营运流线分开，可靠近厨房或库房。后勤与客用出入口宜分开设置，并在客人视线范围之外设值班室，见图2-39。

图 2-38　办公室效果图

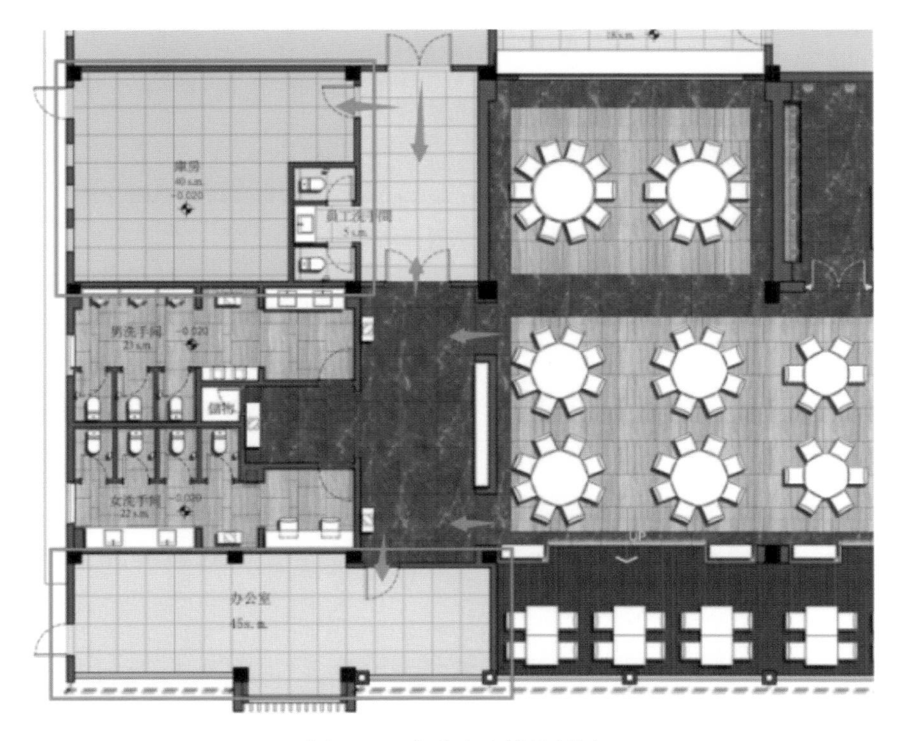

图 2-39　办公室流线分析图

2. 更衣室

工作人员须先更衣，再进入各加工间，见图2-40。更衣室的人均面积不应小于0.4m^2。除更衣外，更衣室还可提供淋浴、盥洗等功能，洗手盆、浴厕等应设在厨房操作人员入口附近，见图2-41。

图2-40　更衣室效果图

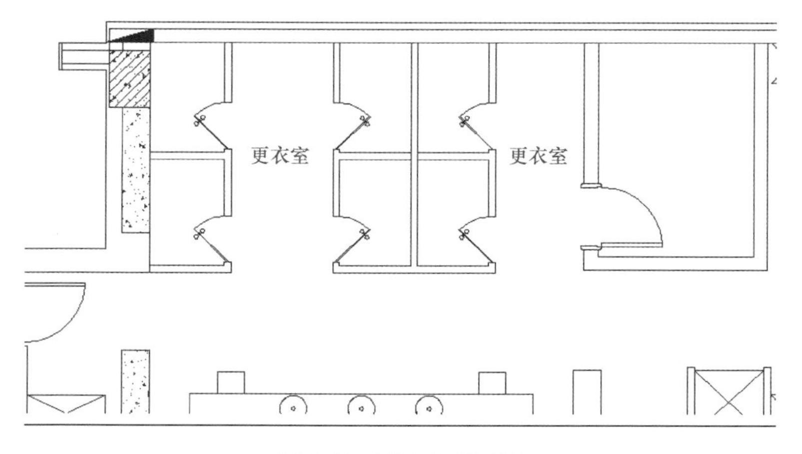

图2-41　更衣室平面图

3. 仓库

仓库分食品库房与杂物库房。食品库房包括主食库、副食库、冷藏库、干菜库、调料库、蔬菜库、饮料库、杂品库以及养殖池等。仓库应靠近食品入口，并有专用通道将食品直接送至粗加工间。杂物库房用于放置备用桌椅、陈设物和活动道具等。

二、食品处理区

厨房（见图2-42）的功能性较强。未经加工的食品要经过以下流线到达就餐区：粗加工间—精加工间—烹调间及专间（烹调间与专间不可在同室设置）—备餐间—就餐区。服务员不得直接进入加工区，须到备餐间取成餐。

图2-42　厨房效果图

明厨明档是餐饮业发展到一定时期的产物，但不应因此增加油烟、噪声和影响观瞻的场景。有些制作只需将最后阶段展示出来即可。

优秀的厨房设计既体现在布局合理、工序周全、流线顺畅上，也体现在节约成本及对生产规模和食品结构的长远考虑上。

1）粗加工间（见图2-43）。粗加工间指对食品原料进行挑拣、整理、解冻、清洗、剔除不可食部分等加工处理的操作场所。粗加工间内应分设动物性食品和植物性食品的清洗水池，水产品的清洗水池宜独立设置。主副食的粗加工必须严格分开。从粗加工到热加工再到备餐的全过程，设计流程要短而畅，避免程序倒流或停滞。

图 2-43 粗加工间效果图

图 2-44 精加工间效果图

2）精加工间（见图 2-44）。精加工间指把经过粗加工的食品进行洗、切、称量、拼配等加工处理，使之成为半成品的操作场所。精加工间须接近主、副食粗加工间，远离成品并严格区分生与熟。加工后的成品就近送往备餐间待用。

3）烹调间（见图 2-45）。烹调间分为主食加工间与副食加工间，指对经过粗加工、切配的原料或半成品进行煎、炒、炸、焖、煮、烤、烘、蒸及其他热加工处理的操作场所。

4）专间。专间指处理或短时间存放直接食用食品的专用操作间，包括冷菜间、面点间、裱花间、备餐间等。

图 2-45　烹调间效果图

冷菜间又称冷荤加工间、卤味间，是加工制作、出品冷菜的场所，包括制作处与拼配处两部分。制作处是把粗、精加工后的副食进行煮、卤、熏、焖、炸、煎等，使其成为熟食的加工处（如烧烤或腌制、拌烫冷菜等），拼配处是把生冷及熟食切块、称量及拼配加工成冷盘的加工处。冷菜制作程序与热菜不同，一般多为先加工烹制，再切配装盘，故在卫生、温度等方面有更严格的要求。

面点间是加工制作面食、点心及饭粥类食品的场所，见图 2-46。中餐又称其为点心间，西餐多叫包饼房。由于其生产用料的特殊性及与菜肴制作有明显不同，人们常将面点生产称为白案，菜肴生产称为红案。各餐厅的分工不同，面点间的生产任务也不尽相同。有些面点间的生产任务还包括甜品和小食等的制作。

图 2-46　专间效果图

5）备餐间。备餐间指整理、分装、暂时放置成食的专用场所。这里是厨房人员与服务员流线唯一的交叉处：厨房人员只能将餐食送至备餐间而不能进入用餐区，服务员也只能到备餐间取餐而不能进入操作区。

6）食梯。食梯不仅可作为食物的垂直传递通道，也可用于运输餐具及小件物品，见图2-47。运输生食和熟食的食梯须分别设置。运输原料、成品、生食、熟食亦须做到洁污分流、隔离运输。

图2-47　食梯效果图

7）餐具清洗消毒间。餐具清洗消毒间俗称洗碗间，指对餐具和直接接触食品的工具、容器进行清洗、消毒的操作场所，位置多靠近厨房，便于清洗厨房内部使用的配菜盘等用具。洗碗间的工作流程及布置方式可参考图2-48。

8）通风设施。不管选配先进的运水烟罩，还是来用简捷的排风扇，均须使厨房（尤其是配菜、烹调区）形成负压，即排出去的空气量应大于补入的新风量。此外，不可使蒸烤箱（炉）、蒸汽消毒柜及洗碗机等产生的浊气、废气在厨房区域弥漫滞留。

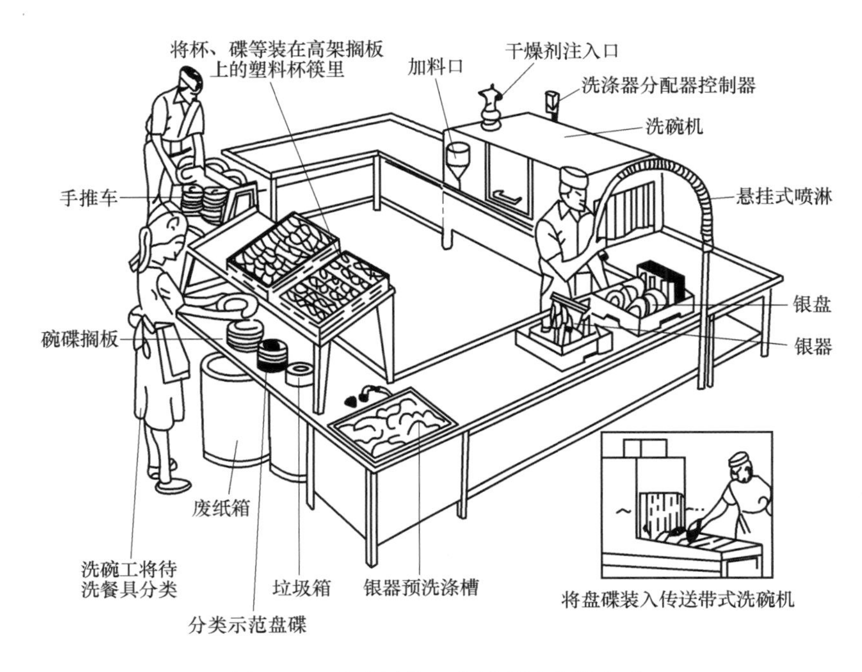

图 2-48　洗碗间的工作流程及布置方式

9）用水和明沟。明沟是污水排放的通道，不可过浅或过毛糙，且应考虑排水坡度，以及原料解冻、冲洗、清水取用等需要，尽可能设置若干单槽或双槽水池，以保证卫生。

10）灯光。餐厅的灯光注重文化，厨房的灯光则注重实用。如临炉炒菜处照明应有与餐厅一致的显色性，易于把握菜肴色泽；案板切配区照度应均匀，以防止刀伤，亦有利于追求精细的刀工；出菜打荷处灯光应明亮，以减少杂物的混入等。

本模块对应 1 + X 考试要点

1）能以功能为依据对平面布局进行合理划分。

2）能根据需求选择适当的照度并确定其分布。

3）能正确分辨材料的基本特性及功能。

模块三

办公空间室内设计

办公空间指为办公提供的场所，首要任务是提高工作效率，其次是塑造和宣传企业形象。现代企业之所以对办公场所的设计越来越重视，是因为它既能满足创立品牌、开拓市场的需求，还能增加企业的产业价值。办公空间不仅是创造财富与价值的工作空间，也是人们交流信息、扩大社交的场所，优秀的办公空间设计应同时满足使用功能和艺术功能的双重需求（见图3-1）。

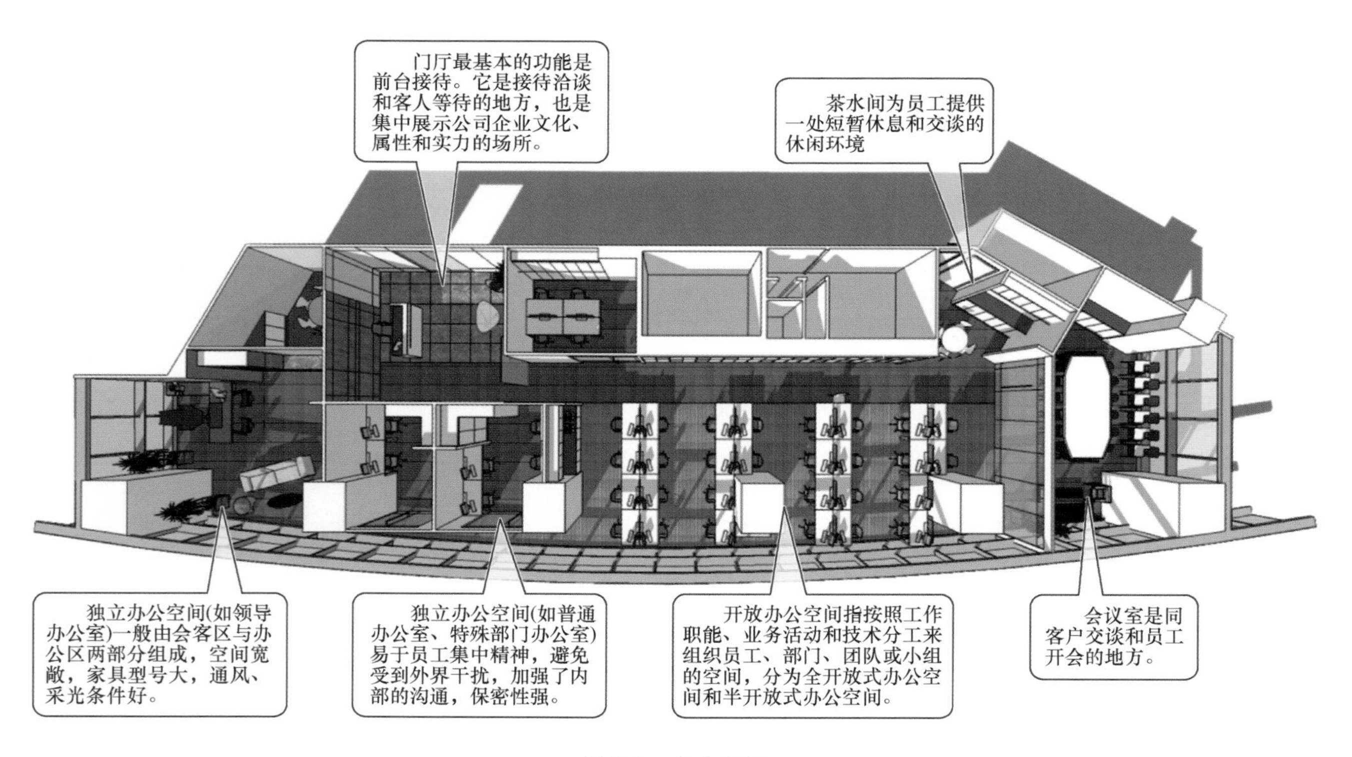

图3-1　办公空间

单元一　类　　型

一、开放办公空间

开放办公空间是指按工作职能、业务活动和技术分工来组织员工、部门、团队或小组的空间，分为全开放办公空间和半开放办公空间。全开放办公空间指完全敞开的大空间，没有隔间、隔板、屏风等隔断，整个空间一览无余，可在任一角度看到每位员工（见图3-2）。半开放办公空间是指用高低不等的隔断或隔板区分不同部门的空间（见图3-3）。开放办公空间强调人与人的交往和所有办公因素的相对集中，主要特点如下。

① 在一个大空间里容纳几十到上百人，充分利用大跨度现代建筑结构，省去隔墙、门窗等构件，缩短交通流线，空间利用率大大提高。

② 易于综合配置各种设施，极大地方便了信息传递、业务联系和集中管理，提高效率。

③ 使用轻质镂空隔断，具有可移动、可拆卸的特点，配合符合模数的系统网络，使空间灵活适应多种功能需求。

图3-2　全开放办公空间

开放办公空间的缺点是部门间干扰大，风格变化小，私密性差，且只有各部门人员同时办公时，空调和照明才能充分发挥作用，否则浪费较大（见图3-4）。

图 3-3　半开放办公空间

图 3-4　开放办公空间

在开放办公空间中，常用不透明或半透明轻质隔断隔出领导办公室、接待室、会议室等，使其在保证一定私密性的同时，又与大空间保持联系（见图3-5）。

图3-5　轻质隔断

二、独立办公空间

独立办公空间是指按部门或人数设置的封闭办公区域或房间，一般分为普通办公室、领导办公室及特殊部门办公室（如财务室、保安室等），也可分为单人办公室（见图3-6）和多人办公室（见图3-7）。领导办公室一般分会客区和办公区两部分（见图3-8）。会客区由会议桌或沙发、茶几组成，办公区由书柜、办公台、办公椅、客人椅组成。室内可反映企业文化特征或个人修养爱好，因此色彩、家具与陈设可与普通办公室有所不同，如选用密斯椅等经典家具、悬挂名人字画、设置功夫茶台或摆放家庭照片等（见图3-9）。

图3-6　单人办公室

图3-7 多人办公室

图3-8 领导办公室会客区

图 3-9　领导办公室（功夫茶台）

独立办公空间的一般装修配置为顶棚轻钢龙骨矿棉板或纸面石膏板；地面多为复合木地板、塑胶地板或块毯；窗帘采用百叶帘；灯具采用格栅灯，也可以采用聚光性较好的工矿吊灯。

独立办公空间的优势是可满足单独办公和无噪声办公环境的理想要求，易于集中精神，避免外界干扰，加强内部沟通，私密性强。其劣势是建筑成本和能源成本高，且不利于直接交流。

三、LOFT 办公空间

LOFT 原意为“屋顶之下，存放物品的阁楼”，现常指室内少有隔墙的开放式挑高空间，具有如下特点。

① 空间性——高大开敞的复式结构，类似戏剧舞台效果的楼梯和横梁。

② 流动性——室内无障碍，通透，降低私密程度。

③ 开放性——不同功能的全方位组合。

④ 艺术性——由业主自行决定所有风格格局（见图 3-10）。

许多 LOFT 办公空间是由旧厂房或旧建筑群改建而成的（见图 3-11），原有层高为 5 ~ 6m，有的甚至

图3-10　创客LOFT

图3-11　创客LOFT（工厂改建）

高达十几米，远高于普通建筑层高，业主可根据自身需要进行空间分隔和夹层处理，分隔成上下层后使套内面积增加，从而提高空间利用率（见图 3-12）。在城市办公场地租金日益昂贵的今天，这种高利用率的空间减少了企业成本，为多数业主所接受。租用 LOFT 空间的多为创意产业类企业，如广告公司、设计工作室、美术摄影机构等，此外也有 IT 公司等科技型企业入驻。这些企业的办公特点以小组合作形式为主，需要较大的开放空间。在 LOFT 办公空间中，可利用丰富的垂直空间，在下层办公区上搭出复式的上层空间，分隔出独立会议室、单间办公室和开放接待休息区，并利用精致的楼梯连接上下层（见图 3-13）。这样的空间充满跳跃性，避免了普通平层办公空间带来的枯燥感，引导人们尽情表达和张扬自我，发挥工作激情和创造力。

图 3-12　LOFT 办公空间

然而，部分 LOFT 办公空间并非厂房改造而是商住楼改造，户型受到层高的限制，下层常为 2.3m，去除楼板厚度后，空间有较大压抑感。同时楼梯尺度、功能布局、视觉观感和舒适度方面也无法达到理想状态。

图 3-13　楼梯以及平台空间

四、联合办公空间

联合办公空间也称众创空间，是为降低办公成本而共享办公空间的形式。来自不同企业的个人在同一空间中共享办公环境及软硬件设备，彼此独立完成项目。办公者可与其他团队分享信息、知识、技能、想法和拓宽社交圈等。这种概念在硅谷兴起，适合小型创业团队（见图 3-14 ~ 图 3-17）。

图 3-14　自由式共享空间

图 3-15　开放式会议区

图 3-16　分组式头脑风暴

图 3-17 极客体验

单元二 设计要点

一、公共区域

公共区域是指供人员交流、聚会和展示的空间。公共区域常分为两部分：一是对外的前台接待、等候、洽谈区域及交通空间，二是产品宣传、陈设及展示空间。公共区域各功能空间的设计要点如下。

（一）门厅

门厅是进入办公空间后第一眼看到的地方，这里要向人们传递有关企业单位的必要信息。门厅处一般附设信息传递、收发、会客、服务、问询、展示等功能。较大的公司还可设商务中心、咖啡厅、警卫室、衣帽间等。综合办公楼的门厅处设保安、门禁系统，并标明该办公楼内所有公司的名称及所在楼层。

门厅的基本功能是前台接待。它是接待洽谈和访客等候的地方，也是集中展示企业文化、属性、实力的场所。门厅通常有两种形式：一种是以接待台及背景为主的展示方式，使人第一眼见到的即是企业形象（见图 3-18）；另一种是在前台之外另设计一处前导空间，使人首先体验到企业文化，继而过渡到正式前台（见图 3-19）。

图 3-18　门厅前台

图 3-19　前台前导空间

（二）等候空间

等候空间是门厅的一部分，是访客进行短暂等候停留的区域。在等候空间内，一般会放置沙发、茶几、报刊杂志架和饮水机等（见图 3-20）。有的企业会将自己的刊物、广告等展示给访客（见图 3-21），宣传企业文化、管理方针等。等候空间是现代办公空间设计的重点之一。

图 3-20　等候空间

图 3-21　等候空间（展示墙）

（三）洽谈空间

洽谈空间可以是公共空间中的开放区域（见图 3-22），也可以是单独的洽谈室（见图 3-23）。它既要满足访客短暂交谈的要求，也要为深入的业务洽谈提供场所。若洽谈空间较小，则围合墙体宜选择通透的材料，或采用半开放形式（见图 3-24）。小型洽谈空间的装修风格以温馨、简洁为宜。

图 3-22　开放式洽谈空间

图 3-23　封闭式洽谈室

图 3-24　半开放式洽谈空间

（四）陈列展示空间

陈列展示空间是对外展示产品、宣传企业文化的空间。它可以设置为单独的陈列室（见图 3-25），也可与公共空间结合（见图 3-26），如在走廊、门厅放置展示柜、展示架，使之成为公共空间装饰的视觉焦点，或将产品、荣誉奖状、奖品等置于其中。

图 3-25　陈列室

（五）交通空间

交通空间是指门厅、走廊（见图 3-27）、楼梯间（见图 3-28）、电梯厅（见图 3-29）等。设计需考虑以下三点：一是为日常工作提供合理的人流、物流通道，二是作为火灾疏散通道应符合相应的防火规范，三是作为公共空间宜体现空间整体的主题与特色。

图 3-26　与公共空间结合的陈列空间

图 3-27　走廊空间

图 3-28 楼梯间

图 3-29 电梯厅

二、办公区域

(一) 员工办公室

员工办公室应根据部门所需人数，参考建筑结构来设定面积和位置，布置时应平衡与其他功能空间的关系，注意不同工种的要求，如对外洽谈的位置宜靠近门厅或接待室，统计或绘图则应有相对安静的空间，注意人和家具、设备、空间、通道的关系。员工办公室的布局体现在办公桌的组合形式上，一般办公桌多为横竖向摆设，当有较大的空间时，可考虑斜向排列等方式。对于开放办公来说，办公桌的组合更需有新意，体现企业的文化与品味（见图 3-30）。在开放办公区里，常会安排 3 ~4 人的小会议桌（见图 3-31），方便员工及时讨论、解决问题。

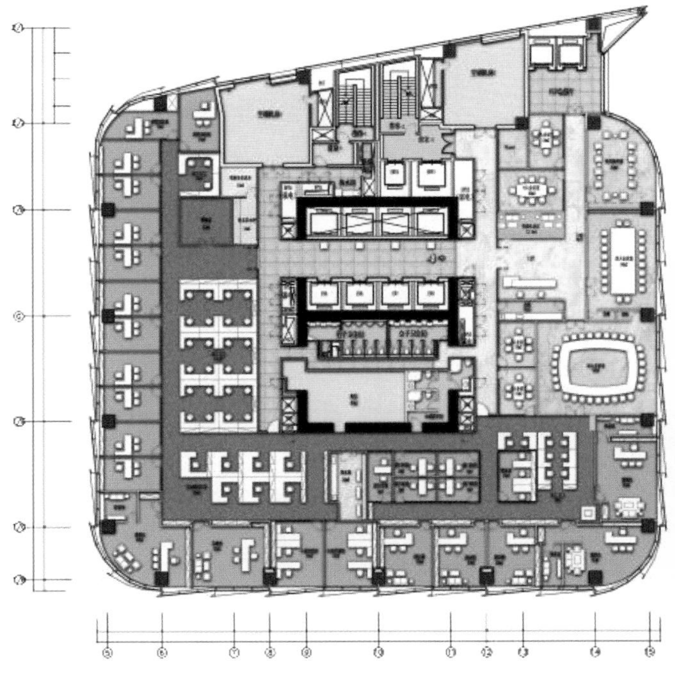

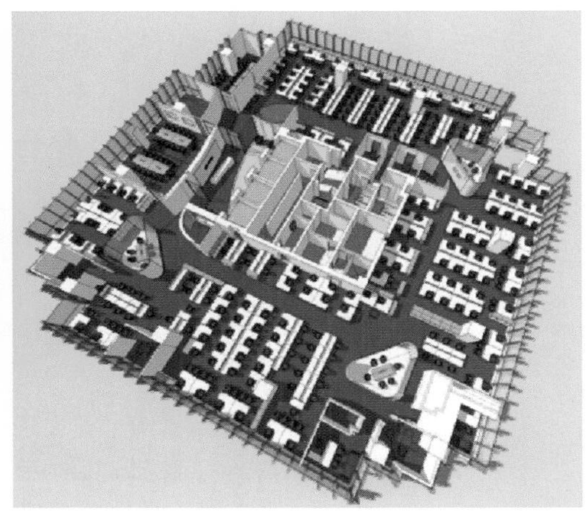

图 3-30　创意办公桌组合

(二) 管理人员办公室

管理人员办公室为部门主管而设，通常紧邻所辖部门员工，其设计取决于业务性质和企业决策方式等。一般采用单间式，有时为便于信息互通而安排在开放区一角，通过屏风或玻璃隔开空间（见图 3-32）。管理人员办公室除办公桌椅、文件柜外，还应设有接待洽谈椅、沙发、茶几等设施（见图 3-33）。

图3-31 小会议桌

（三）领导办公室

领导办公室通常分最高领导办公室和副职领导办公室，两者在装修档次上可以有所区别，区位应选通风、采光较好的位置。面积宽敞，家具尺度略大，可设背景装饰书柜，增添文化气氛。条件允许的情况下，还可单独设置卧室和卫生间（见图3-34）。

图 3-32　开放式管理人员办公室

图 3-33　单间式管理人员办公室

图 3-34　领导办公室

三、会议室

会议室在设计前应根据使用目的确定会议桌的形式、规模和数量，以及如何提高其使用效率。若使用人数在 30 人以内，则可用方形（见图 3-35）、（椭）圆形（见图 3-36）或船型的大会议台形式；若使用人数较多，则可用独立两人桌作多种排列组合使用（见图 3-37）。

图 3-35　方形会议台

图 3-36　椭圆形会议台

图 3-37　排列式会议室

四、附属空间

附属空间是指为办公人员提供辅助功能的空间，如文印区、茶水间、更衣室、仓库等。

1. 茶水间

茶水间是公司中最显人性化的休闲空间，能为员工提供短暂歇息和交谈的休闲环境，应配有饮水装置、微波炉、咖啡机、电冰箱等。如有专人操作管理，还可配有制冰机、果汁机、水杯、碗盆等（见图3-38）。

图3-38 茶水间

2. 更衣室

更衣室也是个人物品储存空间，要求隐蔽、有序、安全性强（见图3-39）。

3. 文印区

文印器材易产生辐射及粉尘，宜设置独立封闭区域，并尽可能安排通风。人员或任务较多时，可分多间设计（见图3-40）。

4. 储藏空间

储藏空间应采取防水、防潮、防尘、防蛀等措施，地面材料应选不起尘、易清洁的材料。面积和位置除考虑使用方便外，还应符合安全保养和维护的要求。文件柜采用大容量路轨移动柜时，需考虑地面承载能力。

图 3-39　更衣室

图 3-40　文印区

五、照明和色彩设计

（一）办公空间照明设计

办公空间是由多种视觉作业组成的工作环境，既包括手写稿、复印件和印刷品，又包括计算机等办公设备的操作，无论是封闭还是开放，豪华还是简易，都须宽敞明亮、照度充足，故宜采用人工照明与天然采光结合的照明设计。除有足够的照度外，视觉作业邻近表面宜采用无光泽或低光泽的材料，以防眩光的产生。

办公空间的照明设计多数情况下并不提倡夸张的创意，而是提倡对工作环境进行精心和科学的塑造。有时局部的照明灯光创意可营造出大环境的新面貌（见图3-41）。

图3-41　办公空间照明

1. 门厅的照明

门厅是宾客进出最先接触的区域，代表公司形象，因此装修标准相对较高。门厅使用以白天为主，如有自然光入射，可通过入射角度及亮度分布情况确定人工照明的区域与对象。在考虑门厅结构和风格的前提下，勿使室内外亮度反差过大，以调节人们进出时对光线的适应状态（见图3-42）。

2. 接待室的照明

接待室除接待宾客与洽谈外，也是展示产品和宣传公司形象的场所，宜用冷暖结合的照明方式。依据展示产品的特点可进行局部重点投光处理，以突出展示效果（见图3-43）。

图 3-42　门厅照明

图 3-43　接待室的照明

3. 独立办公室的照明

独立办公室较封闭，易使人产生厌倦和沉闷感，但也是进行重要商谈与决策的地方。在照明上，独立办公室并不要求整个房间照度均匀，可使其柔和而有变化（见图 3-44）。

图 3-44　独立办公室的照明

4. 工作空间的照明

工作空间的照明灯具宜采用高照度、高反射率的电子荧光格栅灯盘（见图 3-45）或节能筒灯（见图 3-46），以获得较均匀的照明。工作空间对照度要求较高，应符合相应国家标准。使用计算机的办公室，应避免在屏幕上出现人与物（灯具、家具和窗户）的映像。工作空间的照明灯具宜布置在工作区两侧（见图 3-47），不宜布置在工作区正前方。在难以确定工作区位置时，可选用发光面积大、亮度低的双向蝙蝠翼式配光灯具（见图 3-48）。

5. 会议室的照明

会议室的照明以照亮会议桌，创造中心和集体感为目的。在会议桌区域，照度须达到 500lx，且会议桌表面的镜面反射应设法减少。聚光照明灯具不宜垂直装在与会人的头顶，以避免光线直接照射引起不适。照明设计还应考虑会议室各种演示设备的应用问题，如书写板的照明以及在播放投影时室内光线的可调性等（见图 3-49）。

图 3-45　电子荧光格栅灯盘

图 3-46　节能筒灯照明

图 3-47　灯具布置在工作区两侧

图 3-48　双向蝙蝠翼式配光灯具

图 3-49　会议室的照明

（二）办公空间色彩设计

色彩是视觉感知的基本要素之一。它虽离不开具体的物体形态，却有比形、材质、大小更强的视觉感染力。色彩容易引起视觉注意，有时会在一定程度上改变人对形的视觉感，或加强形的表现力，起到画龙点睛的作用。但色彩又依附于形和光，只有与形的语言一致并和谐地配合光，同时又与具体用途恰当结合时，才能得到理想的表意效果。

色彩不仅会对视觉环境产生影响，弥补某些不足，还会对人的情绪和心理活动产生积极影响。

室内色彩设计能否取得出彩效果，在于能否正确处理色彩间的关系，其中关键的问题是解决协调与对比的关系。色彩只有符合“统一中有变化，协调中有对比”的原则，才会使人感到舒适，给人以美的享受。

处理色彩关系的一般原则是“大调和、小对比”，即大色块间强调协调，小色块与大色块要有对比。色彩的协调包括调和色协调、对比色协调以及有彩与无彩的协调；色彩的对比可表现为色相对比、明度对比和冷暖对比。

作为工作场所的办公空间，其色彩设计方法和其他空间类型一样，须遵循以上设计原则，但又有自身特点。办公空间的色彩设计有一定的规律可循。纵观当前国内外流行的办公空间装饰用色，办公空间的色彩有以下几种设计方法。

（1）以黑白灰为基调，增加一两个亮色作点缀　这是一种既协调又醒目、既鲜艳又不花哨的色彩设计方法（见图 3-50）。所选的点缀色可以是家具、软装陈设或植物的颜色，也可以是企业形象色。

（2）以自然材料本色为基调　这种设计方法以木材或石材的颜色作为基调色（见图3-51）。颜色比较

图 3-50　以黑白灰为基调搭配一两个亮色

图 3-51　以自然材料本色为基调

柔和的木材（如浅枫木、白橡木、榉木等），适合现代简洁的空间，而深色木材（如柚木、红木），则适合较传统、中式的空间。石材亦同理，浅色石材（如汉白玉、大花白、爵士白、金线米黄、木纹石等）典雅清爽，而深色石材（如印度红、宝石蓝和各类黑石）则严肃庄严。对自然材料，若配以合适的人工色，也可以产生意外效果，如浅黄色原木配灰绿色亚光漆。此外，因自然材料的色相、纯度和明度一般属于中性，故配以深色或亮色作点缀可起到点睛提神的作用。

（3）用优雅的中性色作基调，构成整体环境气氛　这种设计方法丰富而不艳丽，追求淡雅、温馨、柔和的色彩感（见图 3-52），适合食品和化妆品行业的公司。但应注意其浓淡关系处理，如果处理不当，易显灰沉和陈旧。通常方法是适当使用黑白色或类似的深浅色，并在布置饰物和植物时加入适量亮色，以激活其环境气氛。

图 3-52　淡雅、温馨、柔和的色彩感

办公空间除以上几种色彩设计方法外，还有现代派和后现代派的色彩设计方法，其特点是用大量鲜艳明亮的对比色或金属色营造环境氛围（见图 3-53）。这种风格可用于某些特殊行业，如娱乐业、广告业、网络行业等，但须注意避免使员工产生视觉刺激和精神疲劳。

图3-53　鲜艳的色彩运用

本模块对应1+X考试要点

1）能在平面功能布局中正确运用人体工程学。
2）能掌握照明设计的绿色环保要求。
3）能掌握各种装饰材料的加工工序。

模块四 酒店空间室内设计

单元一 综　　述

一、概念与分类

酒店是以建筑物为依托，向宾客提供住宿及相关配套服务的场所（见图 4-1）。根据经营性质不同，酒店可分为商务型酒店、度假型酒店、经济型酒店、长住型酒店（酒店式公寓）和民宿等。

（一）商务型酒店

商务型酒店以接待商务人士，并为商务活动服务为主（见图 4-2）。此类酒店对地理位置要求较高，须接近中心商业城区。商务型酒店客流受季节影响较小。

（二）度假型酒店

度假型酒店主要接待旅游者，多建于海滨、景区附近，客流季节性较强。除满足食宿需求外，度假型酒店还有较完善的公共服务和娱乐设施（见图 4-3）。

（三）经济型酒店

经济型酒店以连锁为主，配备了大多数基础设施，价格适中，适合普通旅行者（见图 4-4）。

（四）长住型酒店（酒店式公寓）

长住型酒店是一种提供酒店式管理服务的公寓，既拥有酒店级的服务功能和管理模式，又涵盖住宅和写字楼稳定且私密的优点，是既可居住又可办公的综合性建筑（见图 4-5）。

（五）民宿

民宿是指住宅主人结合当地自然与人文景观、生态和环境资源，以及农林渔牧生产活动，为旅客提供的个性化住宿。除了酒店、宾馆、饭店及旅社外，其他可供住宿的地方，如民宅、休闲中心、农庄、牧场等，都可归为民宿（见图 4-6）。

图4-1 酒店

图4-2 商务型酒店

图 4-3　度假型酒店

图 4-4　经济型酒店

图 4-5　长住型酒店

图 4-6　民宿

二、等级

国际上按环境、规模、建筑、设备、设施、装修、管理、服务项目、质量等条件划分酒店等级，即一星级、二星级、三星级、四星级、五星级（含白金五星级）。星级越高，表示酒店档次越高。近来随着高端酒店的建成，也出现了六星级、七星级酒店的概念。

单元二 空间组织

一、区域配比

（一）概念

酒店空间功能可分为营业功能、交通功能和辅助功能，它们在酒店总面积中所占的比例即为区域配比。区域配比是由酒店的市场定位、规模、经营性质等因素综合决定的。

（二）原则

营业功能面积用于客房、餐厅、多功能厅等能直接产生经济效益的部分；辅助功能面积则是为营业功能面积提供服务，间接产生收益的部分。因此从运营角度看，应尽可能扩大营业功能面积，增强创收能力，同时也应符合相关规范及行业标准，综合平衡、统筹兼顾、合理规划、科学布局（见表4-1）。

表4-1 星级酒店区域配比参照表

收益部分（约50%）	功能	住宿	餐饮	休闲娱乐	行政、商务
	比例	35%～40%	7%～10%	7%～10%	10%～15%
	收益空间	标准房、套房等	餐厅、酒吧、大堂吧等	KTV、健身房、桑拿房、泳池等	商务中心、会议室等
非收益部分（约50%）	功能	公共空间	管理服务	配套设施	—
	比例	20%～25%	8%～12%	12%～20%	—
	收益空间	大堂、走廊、楼梯、电梯厅、洗手间等	总台、寄存处、办公室、服务部、更衣室等	布草房、食品库、厨房、物品库、锅炉房、水泵房、配电室、消控室、洗衣房等	—

二、流线设计

流线设计是为了使各功能区既紧密联系又有序分开，互不干扰。酒店流线分为入住宾客流线、后勤服务流线、餐厨物品流线、被服用品及废弃物流线。流线设计应考虑酒店经营活动中各部分的运行顺序，避免可能出现的交叉点，既保证运营效率，又便于监督管理。

大堂是宾客必经之地，也是连接各功能区（如电梯厅、餐厅、会议、康乐、购物空间等）的交通节点，应迅速分散人流，减少宾客来回穿梭。有团队入住的酒店，可设临时集散休息区。用于举行宴会、会议活动的多功能厅可设置独立的出入口或门厅。

三、平面布局

设计平面布局时，应先根据建筑物结构及区域配比分配功能空间，再用流线串联各空间。酒店的功能配置如下。

① 首层公共区：含下客区、前台、大堂吧、大堂办公区、后勤、洗手间及交通节点等（见图 4-7）。

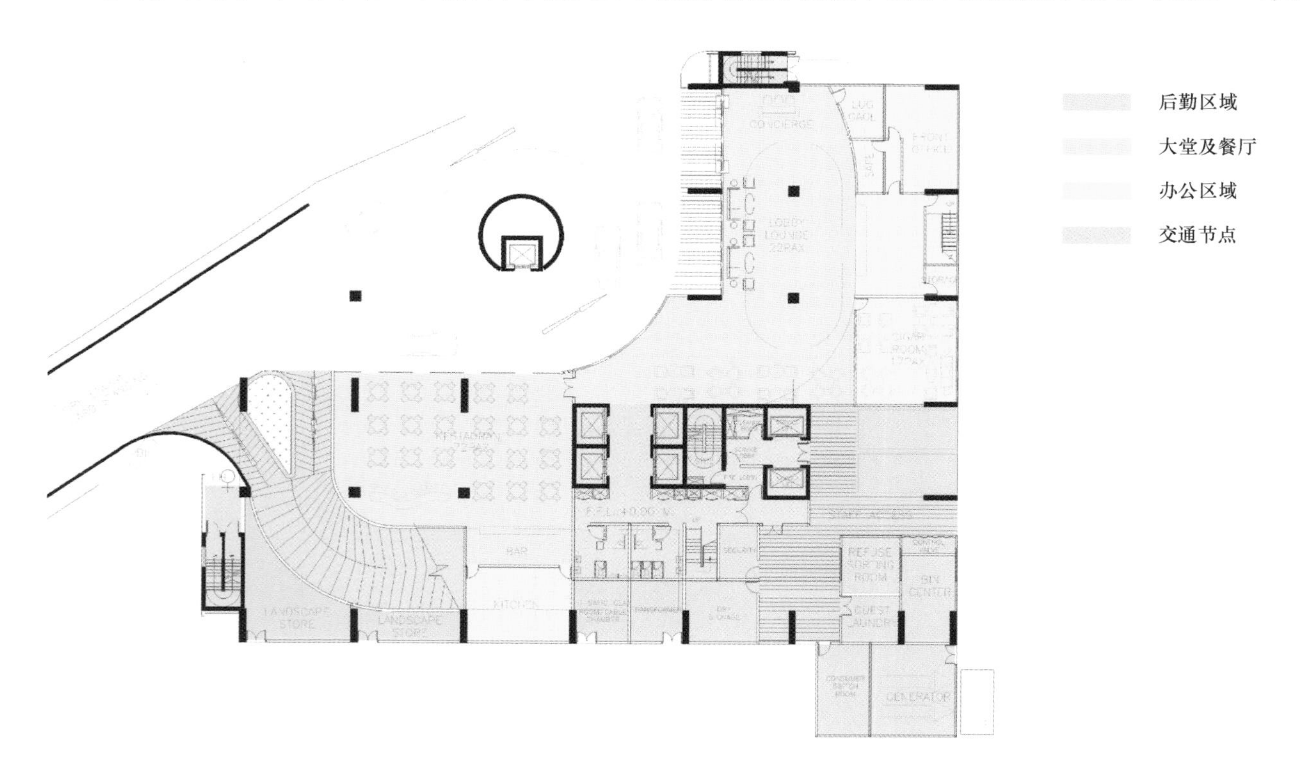

图 4-7　酒店首层示意图

② 餐厅层：含主餐厅、特色餐厅、酒吧、后厨、洗手间及交通节点等（见图 4-8）。

③ 商务层：含会议室、准备室、控制室、休息洽谈区、洗手间及交通节点等（见图 4-9）。

④ 住宿层：含标准房、套房、布草区及交通节点等（见图 4-10）。

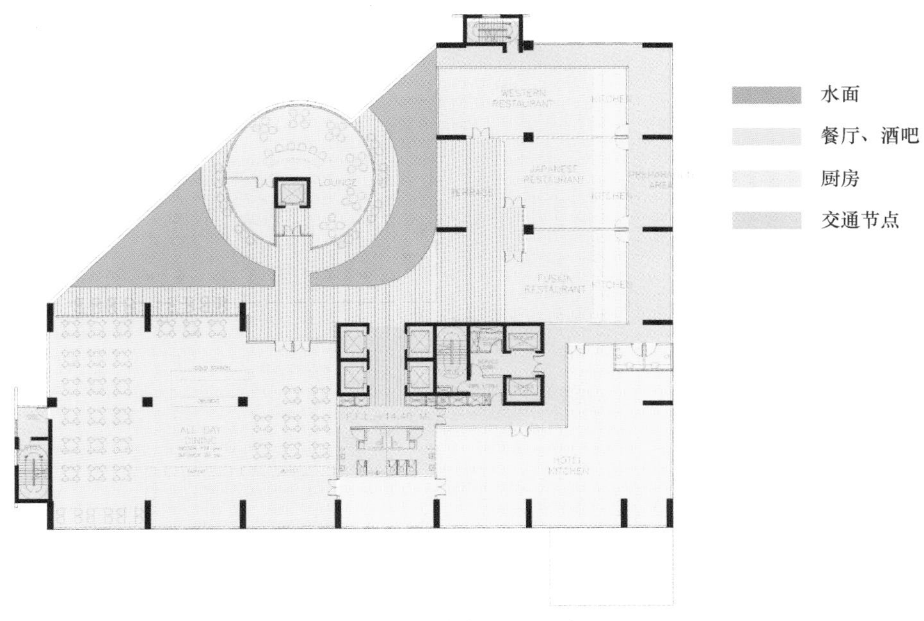

图 4-8　酒店餐厅层示意图

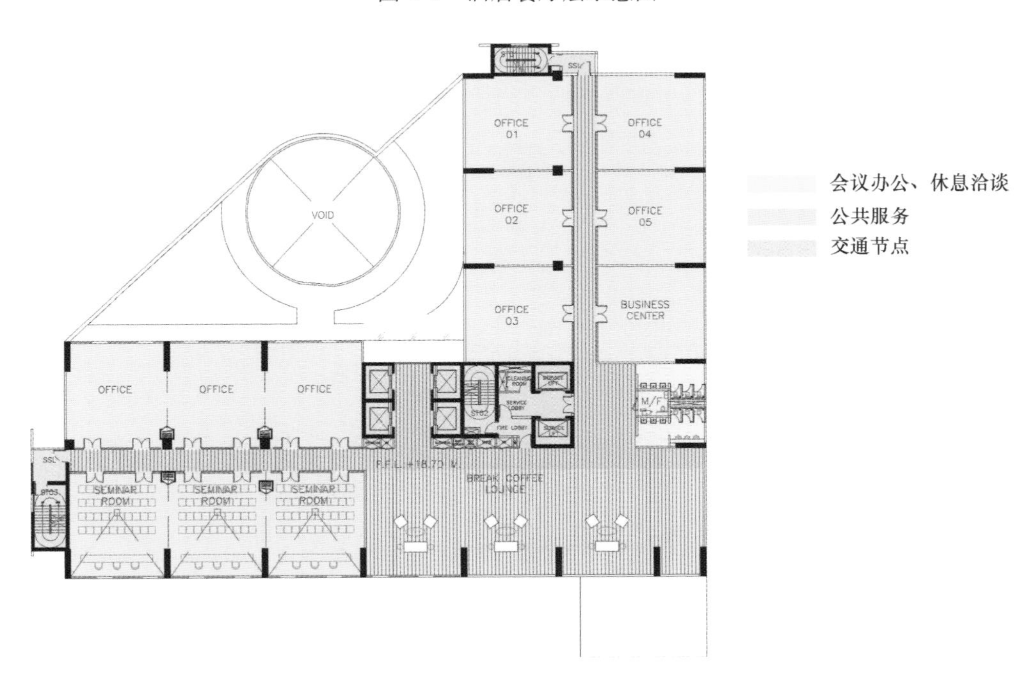

图 4-9　商务层示意图

⑤ 康乐及多功能区：含泳池、健身房、SPA 区、多功能厅、洗手间及交通节点等（见图 4-11 和图 4-12）。

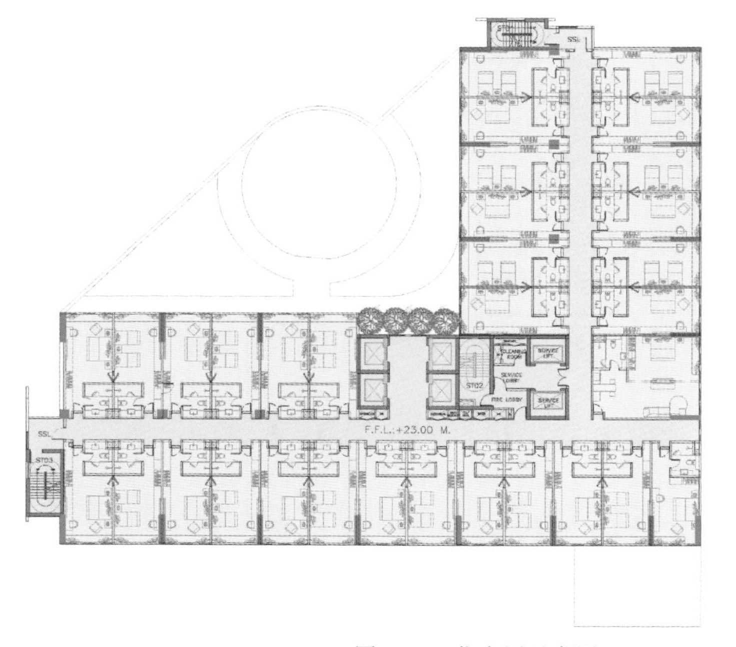

客房区
交通节点
绿化

图 4-10　住宿层示意图

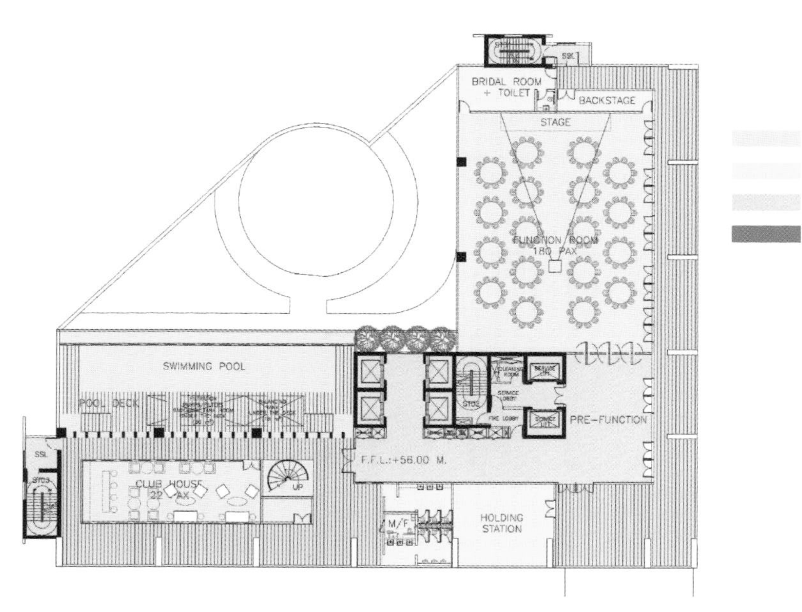

游泳、健身、多功能厅
公共服务
交通节点
绿化

图 4-11　多功能厅、健身房示意图

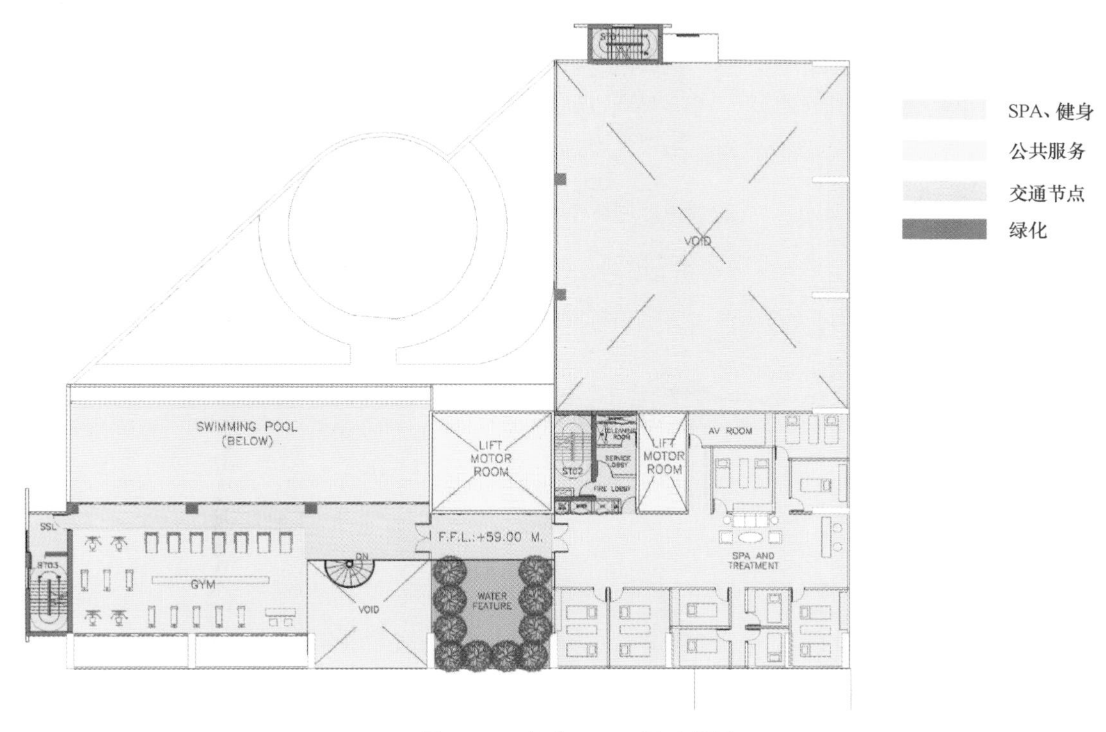

图 4-12　康乐、SPA 层示意图

单元三　大　　堂

大堂是通向酒店各功能空间的枢纽，包括服务台、休息区、卫生间及电梯厅等，亦可根据酒店规划设立银行、旅行社、鲜花礼品商店等服务区域（见图 4-13）。大堂平面布局见图 4-14。大堂服务面积与客房数量的比例关系见表 4-2。

表 4-2　大堂服务面积与客房数量的比例关系

酒 店 类 型	每套客房对应的大堂面积/m^2
经济型酒店、汽车酒店	0. 8 ~ 0. 9
度假型酒店、商务型酒店	1. 1 ~ 1. 2
会议型酒店、观光型酒店、机场型酒店	1. 2 ~ 1. 4

图 4-13　大堂示意图

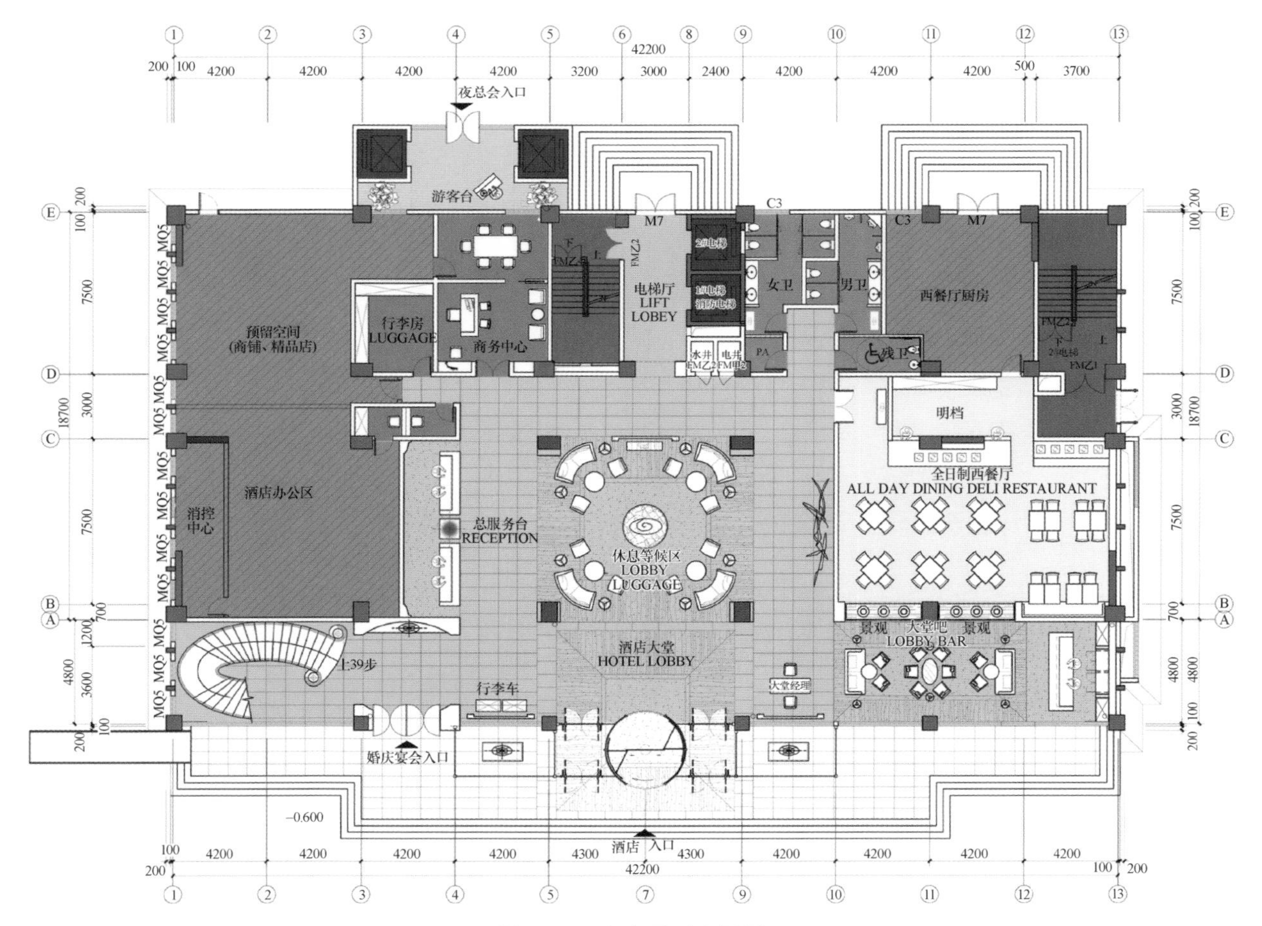

图 4-14　大堂平面布局图

一、服务台

服务台提供咨询、入住登记、离店结算、外币兑换、信息传达、贵重物品保管等服务。它既是内外联系的枢纽，也是酒店各部门（如餐饮、康乐、后勤接待）的指挥中心，可设成站式或坐式服务（见图4-15和图4-16）。通常情况下，每50～80间客房对应的服务台长度为1.8m左右。

图4-15　服务台

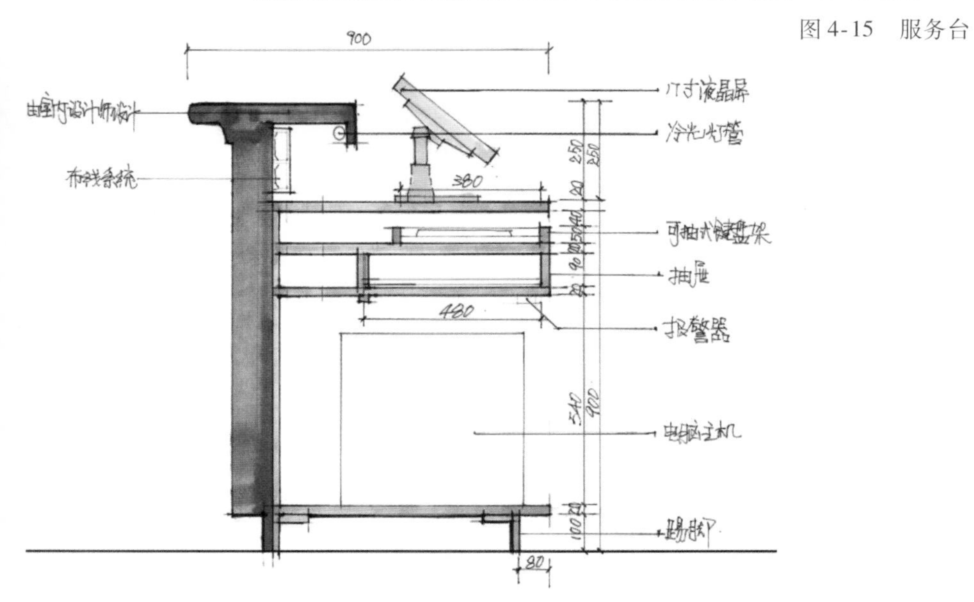

图4-16　服务台示意图

二、休息区

休息区占大堂面积的 5%~8%，可与大堂吧或商店结合，以引导消费（见图 4-17）。

图 4-17　大堂休息区

三、卫生间

卫生间位置须隐蔽，且入口应设前室（见图 4-18），可用少量艺术品点缀，以体现和提高酒店的品

图 4-18　卫生间前室

位。建议采用感应式洁具、全封闭式隔断及嵌入式洗手台配置品（如纸巾盒、洗手液等），并设残疾人卫生设施和清洁工具间（见图4-19）。

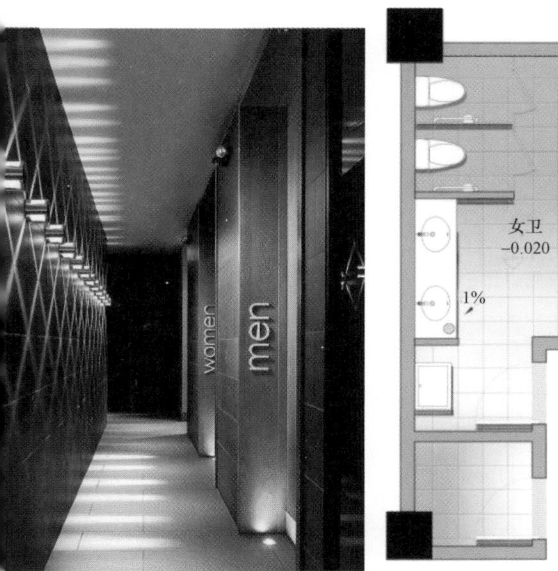

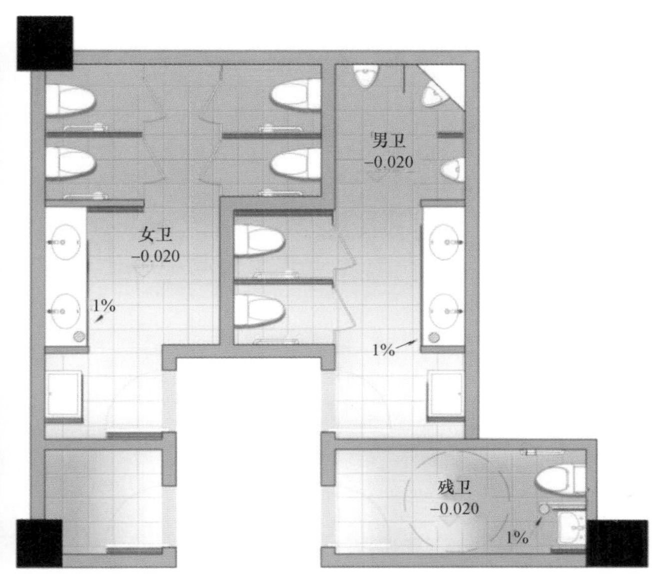

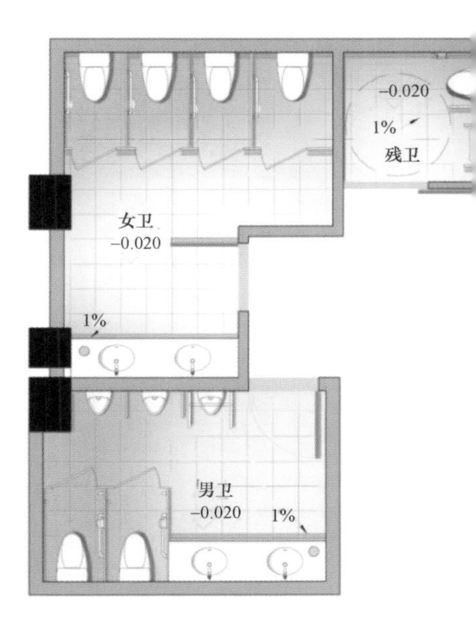

图4-19　酒店卫生间平面布置图

单元四　交 通 空 间

交通空间（见图4-20）主要包括以下部分。

图4-20　交通空间效果图

① 公共门厅、走廊、楼（电）梯等。

② 宴会厅、会议厅、酒吧、健身等人多嘈杂场所的过厅。

③ 酒店通往内外花园、街市、紧邻商区、车站、地铁、天桥等节点的人行入口、行李通道和无障碍设施，以及相应的台阶、坡道、雨蓬和自动扶梯。

④ 管理服务人员出入口、货物（如设备、酒店日用品）流线、送餐及垃圾回收的出入通道等。

单元五　客　　房

一、类型

① 标准房：配置两张单人床的客房（见图4-21）。

图4-21　标准房

② 大床房：配置一张双人床的客房（见图4-22）。

③ 套房：除卧室外，还设有客厅、办公空间、娱乐空间、餐厨室的客房（见图4-23和图4-24）。

二、设计要点

入口通常设计一处1.0～1.2m宽的过廊，门后是嵌入式衣柜，也可将衣柜设于就寝区一侧，避免走廊狭小功能过多造成不便（见图4-25）。

经济型酒店客房可将衣柜门省去，留出空腔即可（见图4-26）。高档型酒店客房可在门后增加理容台，供进出时临时放置物品。

图 4-22　大床房

图 4-23　套房 1

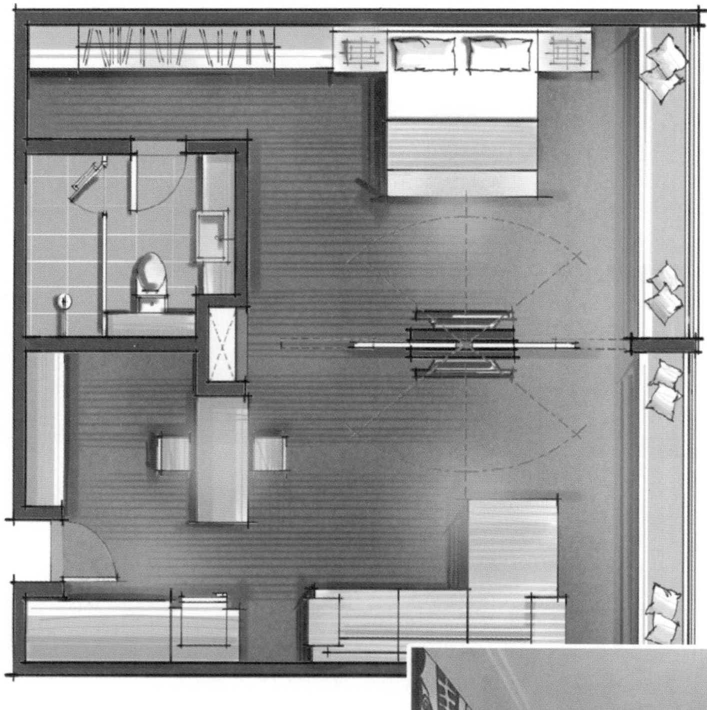

图 4-24 套房 2

图4-25　酒店客房入口

图4-26　酒店客房衣柜

客房中应设置电话、电视，供商务人士随时了解新闻、财经动态等；设置紧急呼救按钮和专用门锁，以便更好地保障旅客的人身安全。

卫生间设备多、系统杂，空间相对较小，更应重视人体工学，如采用干湿分离，为坐便器设置单间，避免功能交叉干扰。梳妆镜须采取防结露措施（背敷电热丝），并增设凹面放大镜，方便女士化妆及男士剃须。此外，较大的镜面会使空间在视觉上和心理上显得比较宽敞。龙头则应选择出水轻柔、出水面较宽的型号，避免撒溅。

单元六　康乐空间

一、SPA区

SPA一词源自拉丁文Solus Por Aqua。Solus意为健康，Por意为精油，Aqua意为水。SPA意为用水来达到健康，即充分运用水的物理特性、温度及冲击，达到保养健身的目的。现代SPA通过人体的五大感官，即听觉（音乐）、味觉（饮食）、触觉（按摩）、嗅觉（香薰）、视觉（自然或仿自然环境）等，将精、气、神三者合一，实现全方位的放松（见图4-27）。

图4-27　SPA养生馆

常见SPA有桶浴、湿蒸、干蒸、淋浴及水力按摩浴等，也可选用矿物质、海底泥、花草萃取物、植物精油等来改善水质作用于人体。

二、桑拿房

桑拿又称芬兰浴，指在封闭室内用蒸汽对人体进行理疗的过程。它通过对全身干蒸冲洗的冷热刺激，使血管反复扩张收缩，达到增强血管弹性、预防血管硬化的目的，对关节炎、腰背肌肉疼痛、支气管炎、神经衰弱等有一定功效。桑拿房采用经高温处理的白松制造，利用隔热棉保温，既可按成品规格选择，也可根据人数配置。

桑拿房设计时应根据实际情况设置房间大小及数量。若干小房比单一大房更经济实用，前者既可满足不同客人对桑拿房温度的不同需求，又可在非高峰时关闭其中一间或几间（见图4-28）。此外，还应考虑下列配套设施。

① 须设置与桑拿房接待能力相应的更衣室、淋浴室和卫生间，并设饮水处。

② 桑拿房顶部、隔间墙或门上至少设一处通风孔，以确保室内外空气对流。

图 4-28　桑拿空间

三、健身房

健身房的位置应使人不用进入器械室就能一览其中设施，感受其活力所在，且又不致打扰客人（见图 4-29）。

四、泳池

酒店泳池分室外常温泳池（见图 4-30）与室内温水泳池（见图 4-31），可采用标准泳池（50m × 21m），也可用 25m 短池、非标准泳池和戏水池。泳池可直接在地面开挖，也可建于楼层乃至屋顶之上。泳池侧壁须安装溢水槽排走表面污物。水面下不超过 1200mm 的池壁上应设休息平台，面宽 100 ~ 150mm。

图 4-29　健身房

图 4-30　室外常温泳池

图 4-31　室内温水泳池

单元七　照明设计

酒店照明设计的专业化程度较高，既有侧重艺术照明的空间，也有强调功能照明的空间，最终都要求使空间层次丰富，照度适宜，达到舒适性、艺术性、安全性相统一的目的（见图 4-32）。

图 4-32　酒店照明

酒店照明可引入调光系统，根据需要在各时段利用灯光改变氛围。

一、公共空间照明

（一）门厅照明

入口照明应协调内外照度与色温，雨篷处可选色温为 4000K 的光源，不致使内外光的色温差距过大，且高色温可扩大视觉空间感。进门后可将色温降至 2800K 左右，也可利用室外阳光透过幕墙或窗棂投下有韵律的光影，成为点缀（见图 4-33）。

图 4-33　门厅照明

（二）前台照明

为增强识别性，前台照度须较高，可采用发光顶棚或吊灯，但背景墙照明不宜过分强烈，以免接待人员出现逆光剪影的现象（见图 4-34）。

（三）中厅照明

中厅墙面照明可用壁灯或投光类灯具区分节奏变化，局部照明可用桌面台灯，制造出柔和的层次感（见图 4-35）。

二、交通空间照明

交通空间光源色温宜用 3000K，明显位置的指示牌照度应适当提高。客房走廊在入口处应作重点照明，可用装饰性较强的灯具，同时须控制照射角度，宽照射角照亮整体，窄照射角重点照明。楼梯也是照明设计师发挥创意的区域，通常将灯具隐蔽起来，使光与楼梯一体化（见图 4-36）。

图 4-34　前台照明

图 4-35　中厅照明

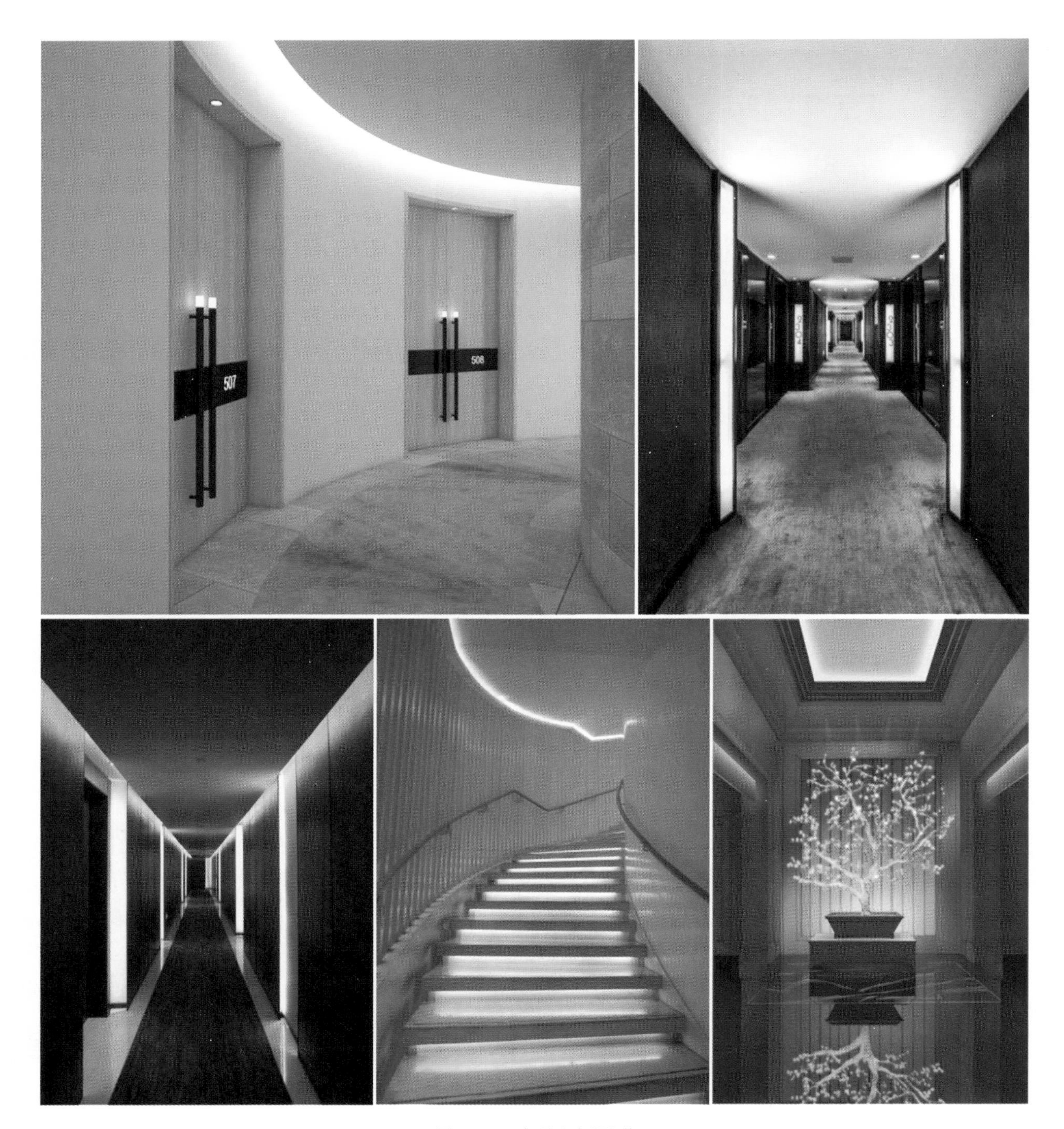

图 4-36　交通空间照明

三、客房照明

人仰卧时目光正对顶面，故客房一般不设顶灯，而是分散设置不同用途的照明，称为无主灯照明。客房照度值一般取 50～100lx，梳妆镜与床头灯等局部照明的照度值可取 300lx，色温 3000K 左右，并须考虑可调角度及亮度（见图 4-37）。

图 4-37　客房照明

四、卫生间照明

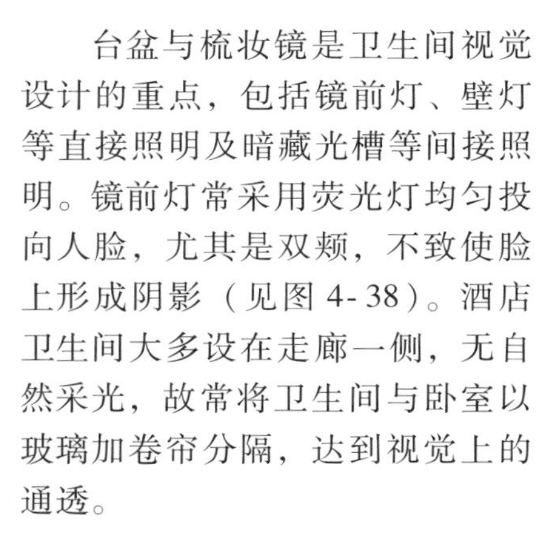

台盆与梳妆镜是卫生间视觉设计的重点，包括镜前灯、壁灯等直接照明及暗藏光槽等间接照明。镜前灯常采用荧光灯均匀投向人脸，尤其是双颊，不致使脸上形成阴影（见图 4-38）。酒店卫生间大多设在走廊一侧，无自然采光，故常将卫生间与卧室以玻璃加卷帘分隔，达到视觉上的通透。

图 4-38　卫生间照明

本模块对应 1 + X 考试要点

1）能将灯具形式和颜色与室内整体设计协调统一起来。

2）能基本掌握室内装饰设计的相关质量规范。

Interior
Design
Manual

下篇
实战速查

SCHOOL OF NURSING
SECOND MILITARY MEDICAL UNIVERSITY

模块五

设计大作业任务书及实施细则

单元一　购物空间：茶叶专卖店室内及外立面设计

大到超市、商业街、购物中心，小到店铺、商场专柜等，都属于购物空间。较大的购物空间，设计重点在于空间组织、功能分区与流线布局等，较小的购物空间则注重风格把握与细节设计。

一、设计要求

茶城为商家聚集的批发市场，经营范围涵盖茶叶、茶具、古玩字画、茶文化传播等。本专卖店为茶城内一层某店铺，门面朝南，面积290m^2，净高4m。设计要求如下。

① 在以人为本的基础上，赋予一定的主题特色及创意，充分体现商品价值，宣传品牌形象。

② 合理处理不同空间的功能需求，避免客、货流线交叉。

③ 考虑材料选择、色彩搭配及灯光照明。

④ 外立面设计应有虚实对比，可采用均衡、韵律、稳定等设计手法。

⑤ 符合商店建筑设计现行国家规范标准。

二、快题设计表现流程

前期准备→草图分析→方案确定、图纸深化→效果图表现。

三、功能要求

① 店面：根据内容及品牌设计门头形式。

② 橱窗：结合商品性质，利用建筑空间设计内外橱窗及展销台。

③ 收银区：以收银台为中心，设计品牌背景墙。

④ 展示区：预留足够的展示空间，供常规品、新品、特价品等分类陈列。

⑤ VIP 接待室：接待客户试喝、品茶、洽谈交流。

⑥ 后勤：供办公、更衣及储物、休息。

四、图纸要求

室内及外立面设计成果展示于 A2 图纸上，比例自定。图纸要求如下。

① 功能分析图：用色块表示各功能区域。
② 流线组织图：用线条表示各流线关系。
③ 平面布置图：标示墙体、家具、房间名称、地面标高。
④ 顶面布置图：标示灯具、材料、设备、标高。
⑤ 地坪材料图：标示地面标高、材料及其铺设方式。
⑥（外）立面（展开）图：标示造型关系及材料。
⑦ 剖面图：除立面图要求外，特殊工艺处需绘制节点大样详图。
⑧ 透视图：主要空间及外立面效果图，表现手法不限。

五、基地图（见图 5-1 和图 5-2）

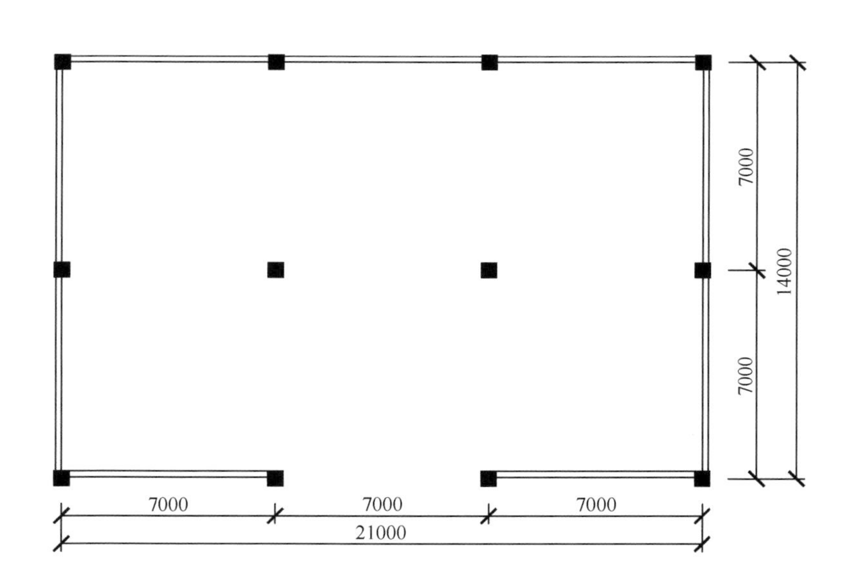

图 5-1　专卖店房型图

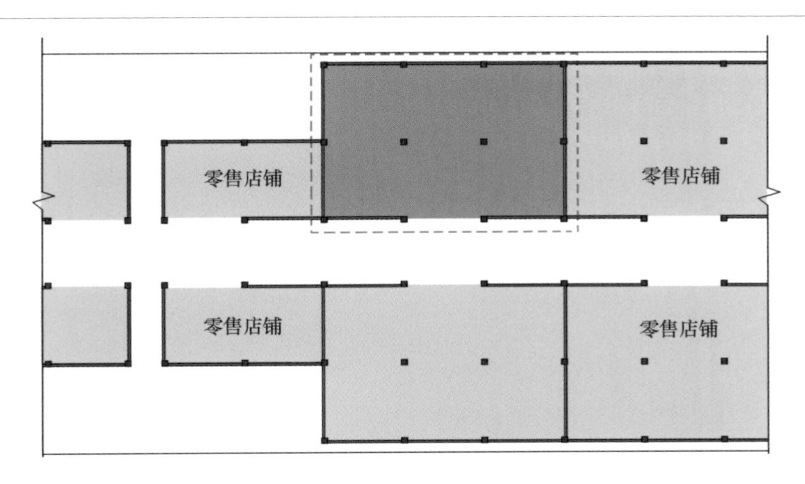

图 5-2　专卖店周边建筑关系图

六、作业点评

（一）前期准备（见图 5-3 ~ 图 5-5）

基地分析

天山茶城位于长宁区中山西路520号，整体建筑为典型的明清建筑风格。建筑面积23000m²，内有商铺400余家。其中一楼以茶叶销售为主，二楼经营茶具，三楼经营与茶有关的古玩、字画等。其建筑风格独特，曾荣获“AAA级中国茶叶信用企业”“上海市示范市场”“全国重点茶市”等。

图 5-3　基地分析

评语：

专卖店的设计需要融入其自身的企业文化，融合地域文化特征，并考虑所处区域的消费水平、人文风俗、生活方式等。该学员在设计前进行了大量的现场勘查，收集了店面位置、朝向、周围环境状况、客流量、采光等资料，为后期的方案设计打下了坚实的基础，这样的设计才能更符合客户需求。

茶叶市场调查问卷

1. 您的性别？（　）

A. 男性　　B. 女性

2. 您的年龄？（　）

A. 20~40岁　B. 40~60岁　C. 60岁以上

3. 您的职业？（　）

A. 政府与事业机关人员　B. 公司职员　C. 其他职业

4. 您对茶叶的辨别与购买？（　）

A. 很了解，自己可以辨别购买

B. 略懂，主要选择品牌、质量、产地

C. 只看包装购买

5. 您的茶龄是多长时间？（　）

A. 1~5年　B. 5~10年　C. 10年以上

6. 您平时喜欢在什么地方购买茶叶？（　）

A. 茶叶专卖店　B. 网上购买　C. 超市专柜

7. 您可以接受的茶叶价格？（　）

A. 20~50元/两　B. 50~100元/两

C. 100元以上/两

8. 您在什么情况下会去茶叶专卖店？（　）

A. 专程购买茶叶　B. 逛街时顺便

9. 哪种风格的茶叶专卖店更能吸引您？（　）

A. 现代简约（简洁大方）　B. 中式风格（古色古香）

a)

分析比较

调查数据显示，男性饮茶人数多于女性，并且大多为中老年人。在上海，饮茶更多的是政府与事业机关的人员，此类人员饮茶主要是出于生活习惯。他们把茶叶视为普通的饮品，因收入较高，故茶叶购买能力也更强。少数年轻人则是将饮茶作为好友聚会、身份时髦的象征，他们更注重产品的外观和品茶的氛围。

大多数消费者在选择茶叶时，更多注重品牌、产地和质量。在购买时，更多注重产销量、环境、售后服务。

综上所述，茶叶专卖店的设计必须具备符合产品特色、风格独特别致、品牌形象鲜明等特点。

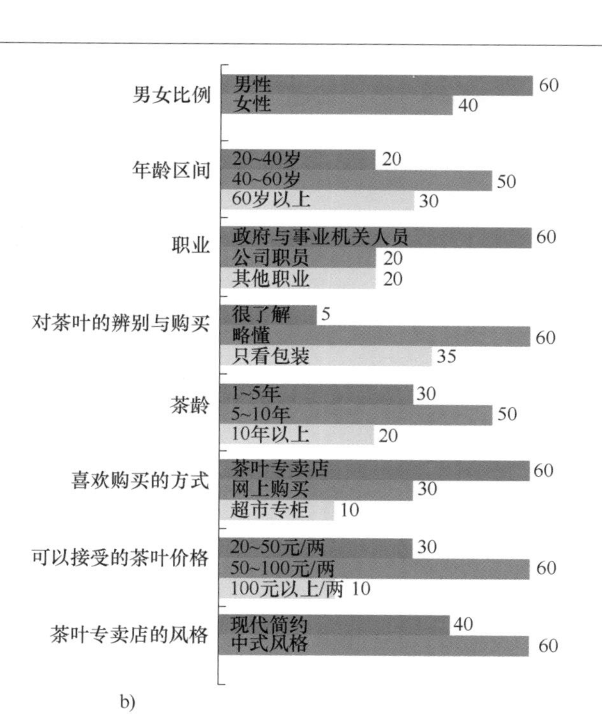

b)

图 5-4　调查问卷与分析比较

a）调查问卷　b）分析比较

评语：

通过调查问卷的形式收集项目信息、顾客意见，是设计前期准备阶段最直观、最常见的方式。该学员调查问卷做得非常详细，并且还作了分析比较。通过柱状图能够直观了解到数据。调查问卷中如果能有更多关于设计方面的问题会更好，如“能够吸引你进店的因素?”“你更喜欢的展示方式?”“你喜爱的橱窗风格?”等，这样在后期设计时才能更有针对性。

图 5-5　茶叶专卖店方案意向图

评语：

因设计前期时间有限，无法深入全面表达，故常用意向图与客户沟通，借鉴图片呈现最终效果。意向图不能毫无理解地套用，否则易成抄袭。

该学员将茶城整体建筑风格在专卖店设计中进行延伸，中式元素的使用不仅突出了茶叶的历史，也体现了茶文化的内涵。该组意向图清雅、素净，把握了专卖店的文化氛围，设计定位较准确。

（二）草图分析（见图5-6和图5-7）

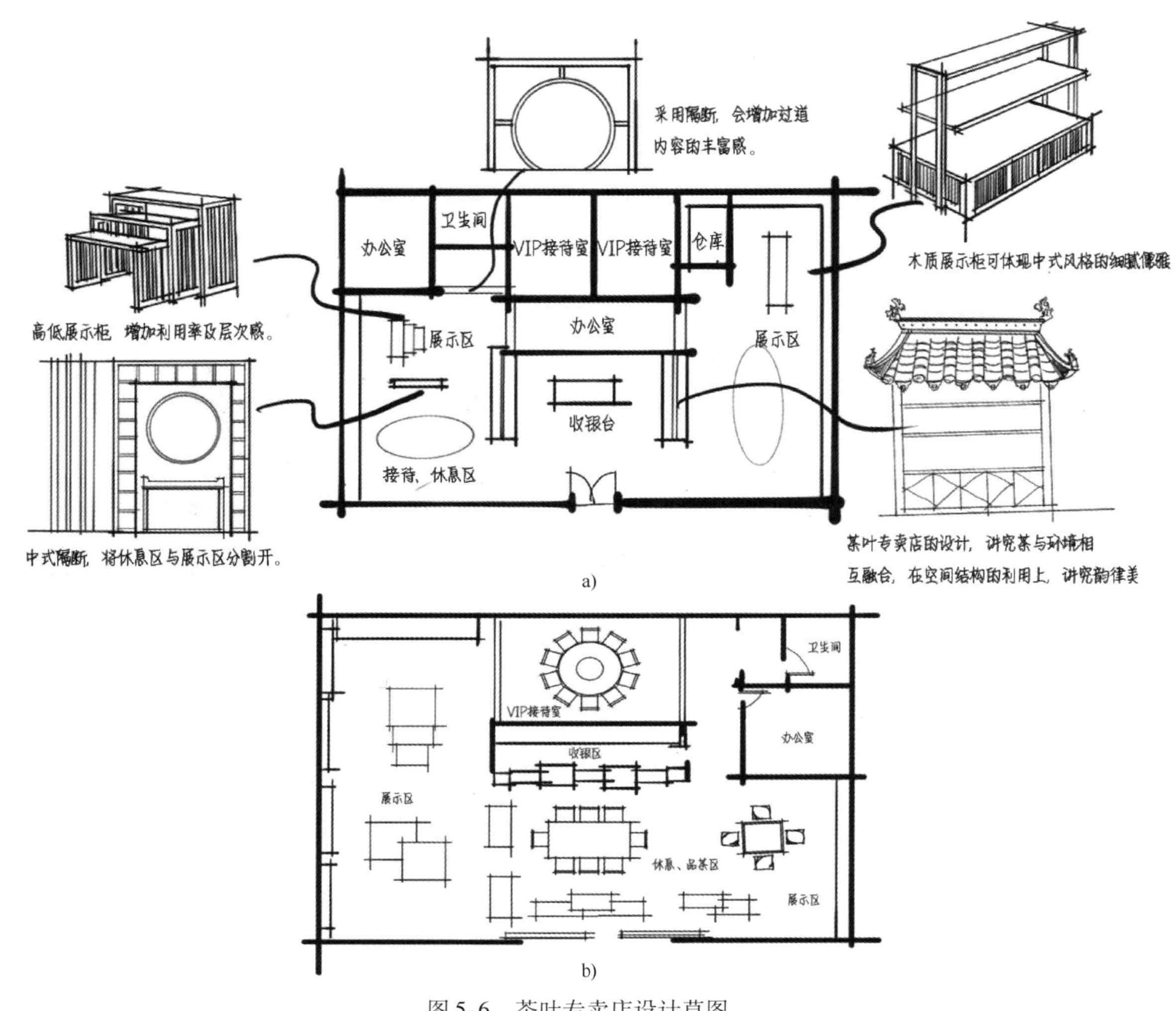

a)

b)

图5-6　茶叶专卖店设计草图
a）方案一　b）方案二

评语：

图a和图b是同一个主题的不同设计方案，通过草图的绘制快速呈现了设计的多种可能，具体采用哪个方案要根据客户的要求而定。

两套方案都结合了天山茶城的整体建筑风格，融入了周边文化和社会发展的方向，在方案中选用了中式风格，将设计与消费者的心理紧密相连，满足了功能和审美两方面的需求。

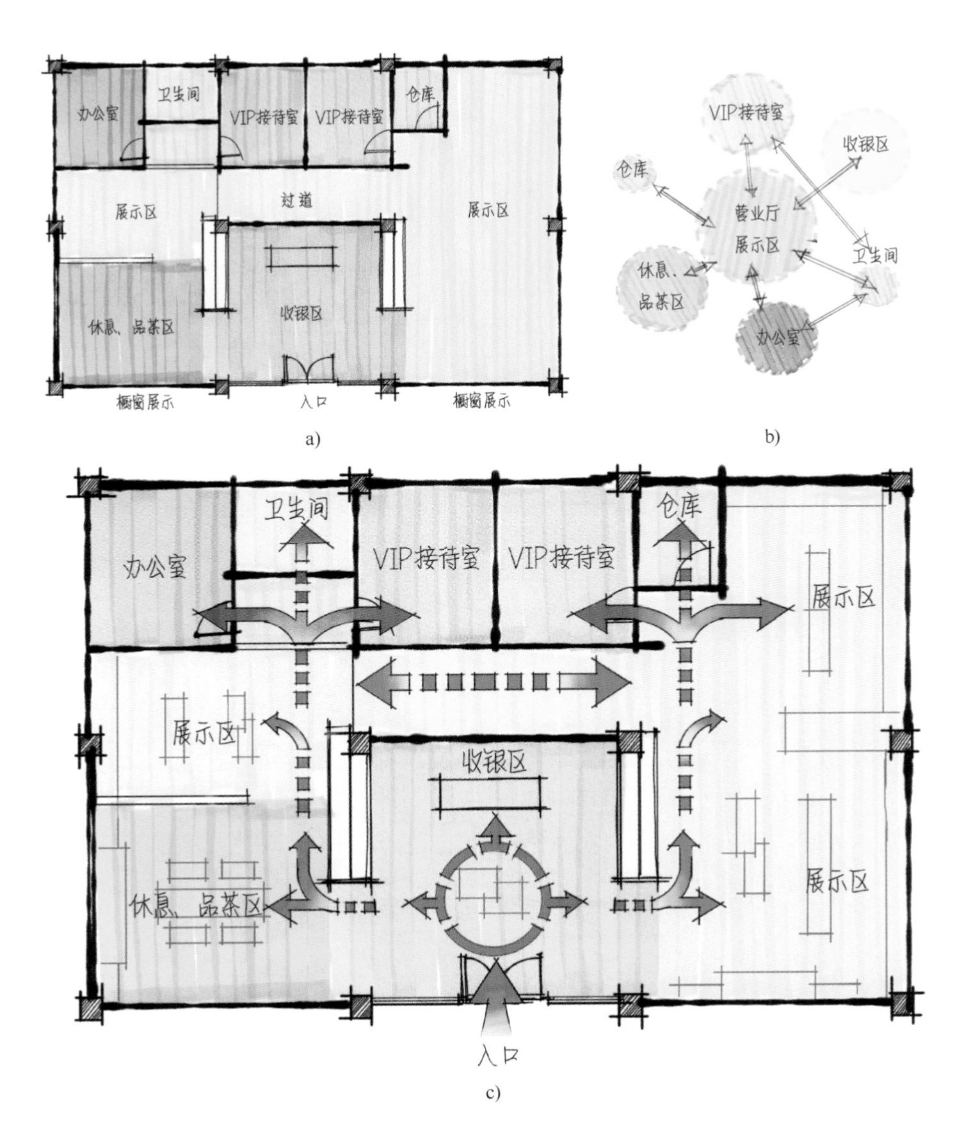

图 5-7　茶叶专卖店设计分析图

a）功能分区图　b）泡泡图　c）人流动线图

评语：

该学员在设计时，选用了对称的布置方式，通过收银区后方的通道连接左右两边营业厅。此类设计要在后期商品的分类摆放上特别注意，两边都要有能吸引顾客的优质商品，避免出现顾客只逛半边的现象。可以借助标识或展柜，形成矩形动线，来引导顾客参观、购买。

（三）方案确定、图纸深化（见图5-8～图5-10）

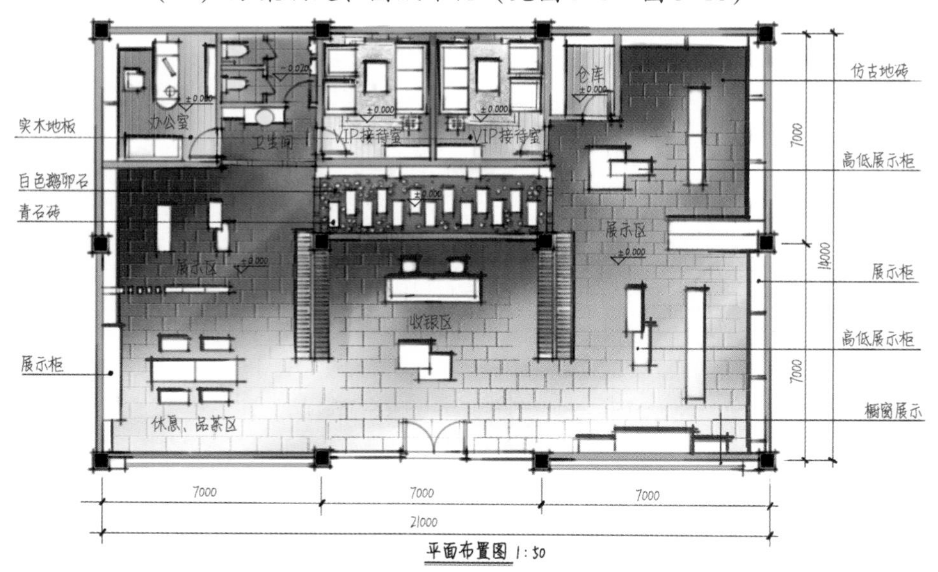

图5-8　茶叶专卖店平面图

评语：

该方案融入了天山茶城原有的建筑元素，运用中式家具体现茶文化。在保持各区域联络的同时，建议加入小品景观、绿化等元素，提升整体灵动性。

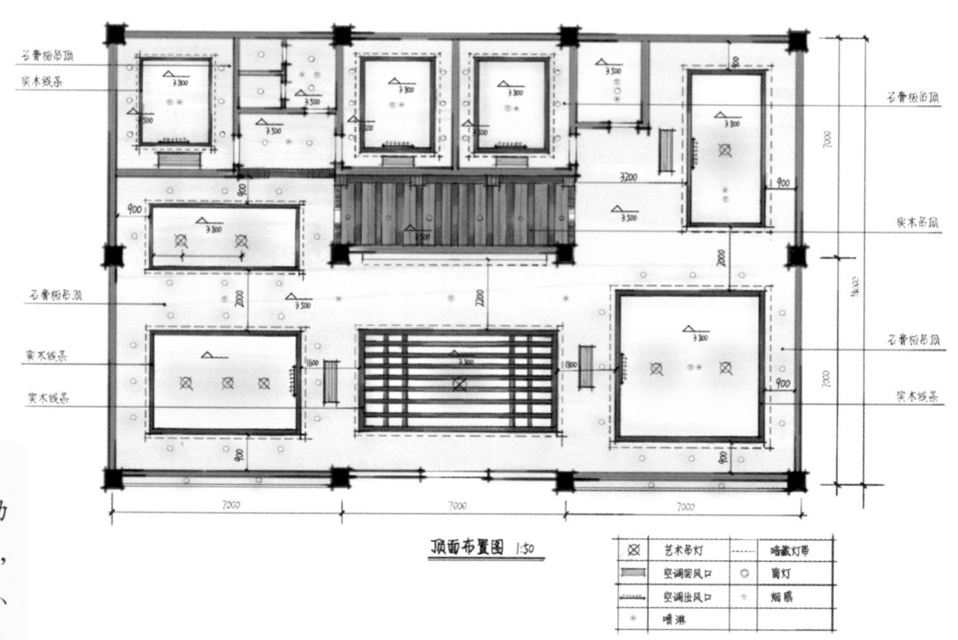

评语：

能根据平面布局与功能需求合理设计吊顶形式，并运用木梁吊顶营造自然、温馨、精致而幽深的空间。

图5-9　茶叶专卖店顶面布置图

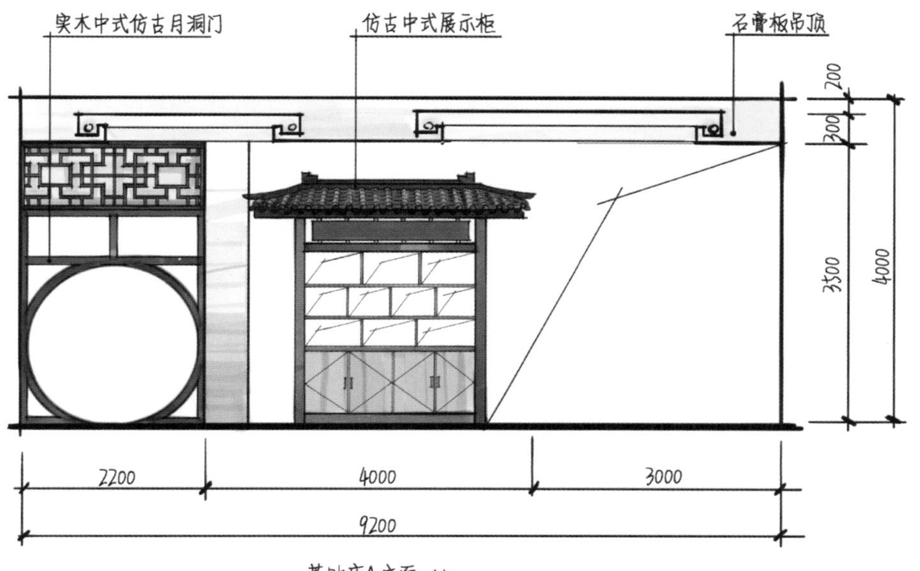

a)

茶味

1000 6500 2500 1000 1000 2500 6500 1000

茶叶店B立面 1:50

b)

图5-10　茶叶专卖店立面图

a）A立面图　b）B立面图

评语：

制图较规范，定位准确，能熟练使用马克笔上色，提升了立面效果。设计运用了月洞门、套方棂花等中式元素，更好地体现了茶文化的悠久历史。

（四）效果图表现（见图5-11和图5-12）

图5-11　茶叶专卖店接待区效果图

评语：

该学员能根据平面图，熟练运用两点透视原理完成接待区的效果图绘制，透视关系准确，马克笔使用娴熟。

上色时拉开了物体间的明暗、虚实和冷暖关系，在同类色的表达中，能将物体之间的色彩分开，亮部留白，使画面更通透、生动。

茶叶专卖店效果图

店铺平面布局

店铺透视线稿（一）

店铺透视线稿（二）

店铺透视线稿（三）

店铺透视上色（一）

店铺透视上色（二）

图 5-12 茶叶专卖店外立面效果图

评语：

该学员能熟练运用重色和暖光控制整体效果，加强环境氛围。前景树建议绘制在右下角，空间感将更强。整体表达较好，墙体的冷灰色调与中式元素的暖色调形成对比，很好地烘托了茶叶店温馨的氛围。

单元二 餐饮空间：主题餐厅室内及外立面设计

餐饮空间根据菜系（如川菜、东北菜、西餐、日料等）、主题及地理环境等不同，对室内环境也有不同要求。

一、设计要求

本项目为三层框架结构，店面朝正南，总建筑面积约 1596m^2，其中一层与地下室均为 418m^2，二层约 760m^2，建筑总高度 8.5m。设计要求如下。

① 合理处理不同空间的功能关系，正确组织服务和顾客流线，满足餐饮空间的基本功能要求。

② 材料、色彩和照明设计满足主题餐饮的特点。

③ 体现主题，重视室内人员的舒适感。

二、快题设计表现流程

前期准备→草图分析→方案确定、图纸深化→效果图表现。

三、功能要求

① 门厅及服务区：根据服务内容及餐厅主题设计接待区及收银台。
② 就餐区：根据餐厅类型，设计合理的就餐席位。
③ 展示区：预留足够的展示空间，展示餐厅品牌文化和菜系特点。
④ 卫生间：根据餐厅整体风格设计，注重周到的人性化服务。
⑤ 后勤：供办公、更衣及储物、休息。

四、图纸要求

室内及外立面设计成果展示于 A2 图纸上，比例自定。图纸要求如下。
① 功能分析图：用色块表示各功能区域。
② 流线组织图：用线条表示各流线关系。
③ 平面布置图：标示墙体、家具、房间名称、地面标高。
④ 顶面布置图：标示灯具、材料、设备、标高。
⑤ 地坪材料图：标示地面标高、材料及其铺设方式。
⑥（外）立面（展开）图：标示造型关系及材料。
⑦ 剖面图：除立面图要求外，特殊工艺处需绘制节点大样详图。
⑧ 透视图：主要空间及外立面效果图，表现手法不限。

五、基地图（见图 5-13 ~ 图 5-15）

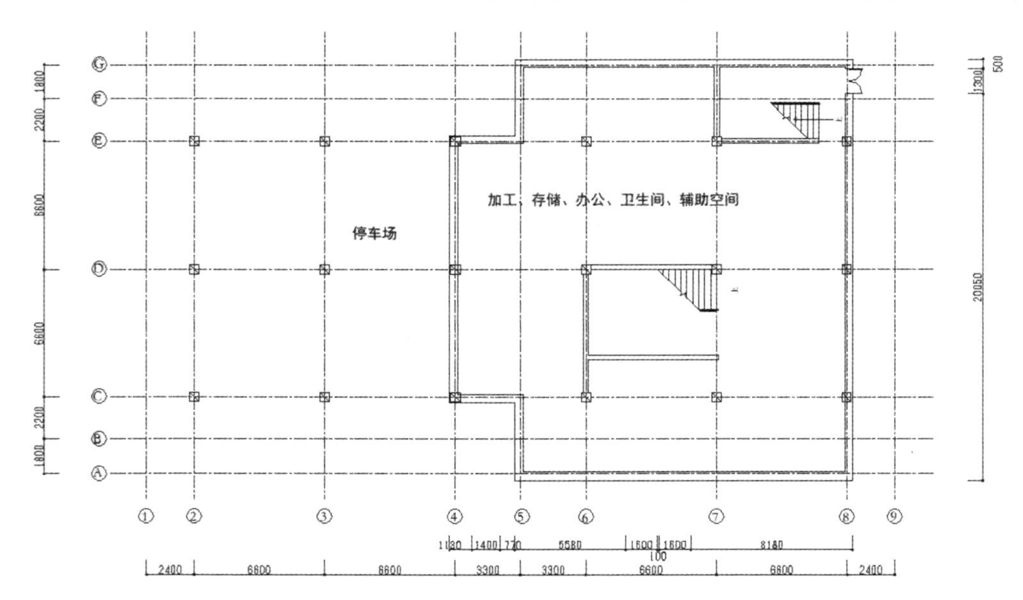

图 5-13　地下室平面图

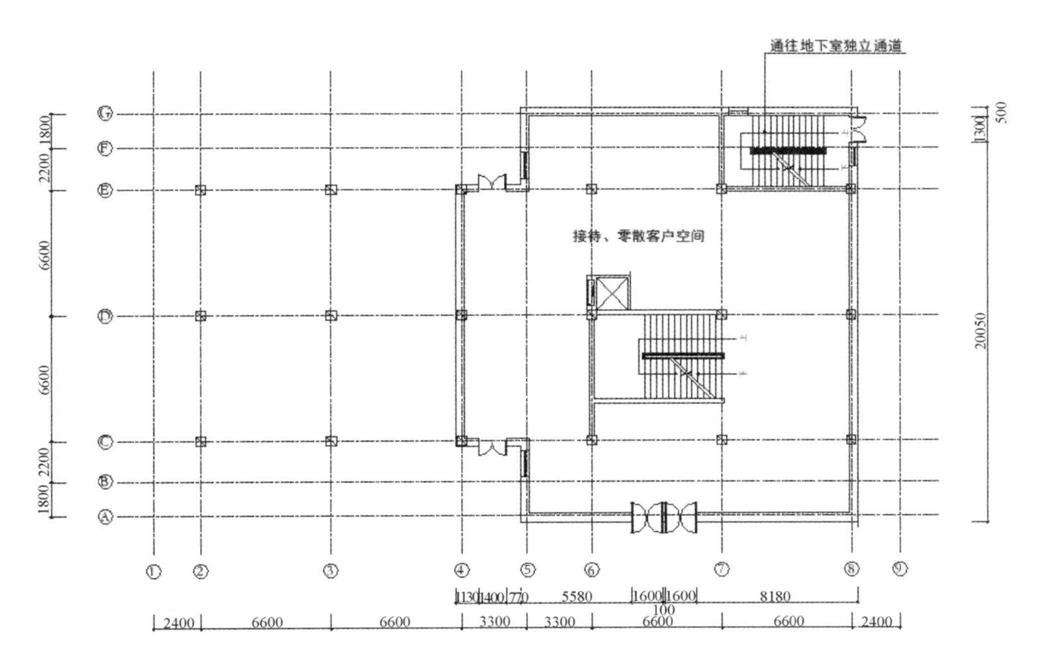

图 5-14　一层平面图

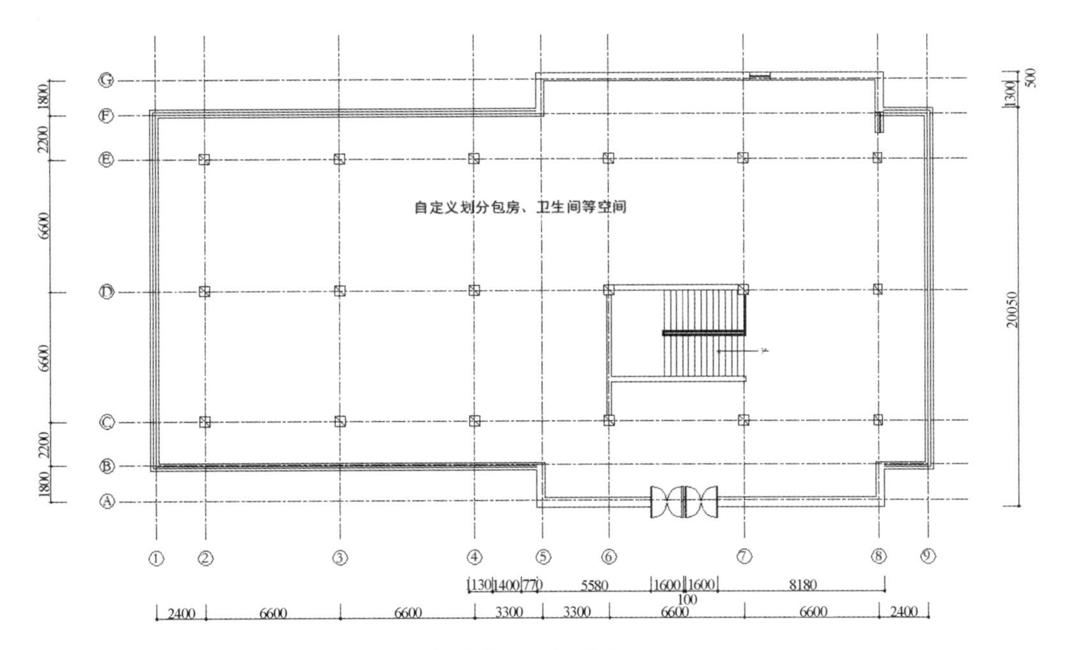

图 5-15　二层平面图

六、作业点评

（一）前期准备（见图 5-16）

基地分析

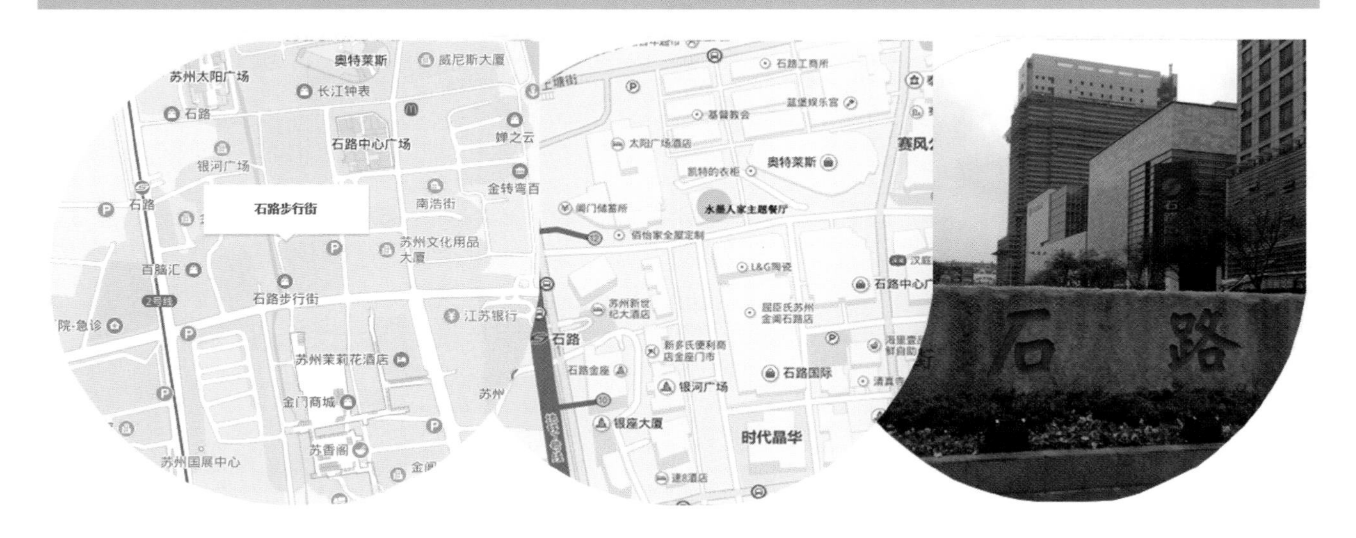

本项目位于苏州市姑苏区石路步行街，步行街为繁华之地石路商贸区的中心，距沪宁高速新区出口处约4km，交通方便。步行街北至上塘街、南至金门路、西至广济路、东至阊胥路，面积0.127km^2。这里汇聚了石路国际商城、亚细亚商厦、苏州精品商厦、越洋流行广场、时代晶华、石路中心广场、银河广场等30余家大中型商贸服务企业。改造后的石路步行街面貌一新，基本形成了集商贸、旅游、休闲、娱乐、商住服务等功能于一体的现代化商贸中心。步行街内形成了光与水交融的特色景观，体现了“现代风貌，苏州文化”的特点，呈现出“夜石路”的独特魅力。

图 5-16　基地分析

评语：

随着时代的发展，人们对餐厅的就餐环境以及文化内涵需求越来越高。餐饮空间设计需考虑所处区域的消费水平、人文风俗、生活方式等。该学员在设计前进行了大量的现场勘查，收集了店面所在位置、周围环境状况、客流量等资料，方便对方案风格、设计理念、软装装饰进行定位。

（二）草图分析（见图 5-17）

草图分析

设计理念

身处繁华的都市太久，便渴望一丝静谧的身心归处，渴望一种全然悠闲的生活姿态。奢华早已经不再是人们的需求了，所以我的设计理念就是“回归本质”，以最简单的线条表达出水墨独有的韵味以及清雅含蓄的东方式精神境界。

本次以水墨为主题的新中式餐厅设计，在设计过程中通过将水墨晕染的形式、简单的黑白灰色调与新中式风格相结合，打造出独具水墨韵味的新中式餐厅，给人一种安静、轻松的感觉。

水墨装饰元素

项目概况：

本项目建筑结构为框架结构，共三层，门面朝正南方。平面形状大致为矩形，建筑面积约1596m^2，其中一层与地下室均约418m^2，二层约为760m^2，建筑总高度为8.5m。总体来看，该建筑空间面积较大，在设计时要考虑到如何把中式元素与水墨融合到一个大空间中，并很好地对空间进行功能划分，达到平面布置合理的目的。

构思草图

图 5-17　主题餐厅草图分析

评语：

本次主题餐厅设计以中国传统元素为设计起点，以中国传统文化艺术——水墨作为设计主题，将中国传统装饰元素与现代设计手法、现代材料结合，营造具有独特韵味的水墨风情氛围，塑造一个富含文化气息和时代气息的新中式餐饮空间。通过利用水墨的色彩关系、设计元素和装饰形式来凸显水墨餐厅的主题，表达清雅含蓄、端庄风华的东方式精神境界。

（三）方案确定、图纸深化（见图5-18～图5-21）

一层分区：

接待及等候区

公共用餐区

卫生间

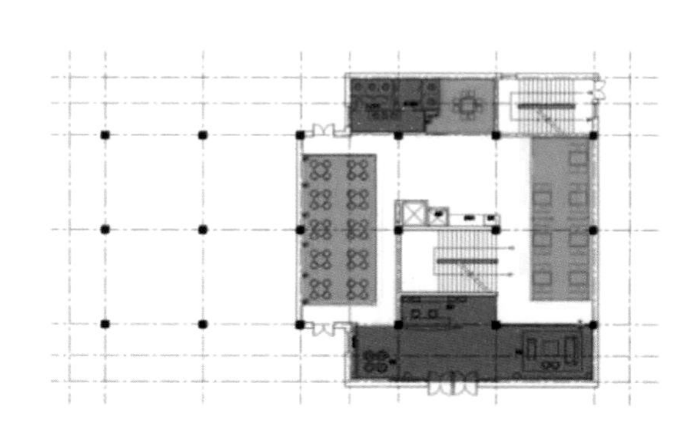

二层分区：

封闭包房

公共用餐区

半封闭包房

卫生间

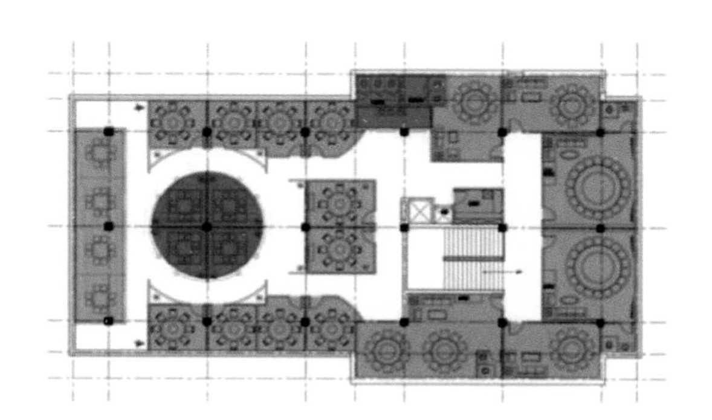

地下室分区：

卫生间

厨房区

办公区

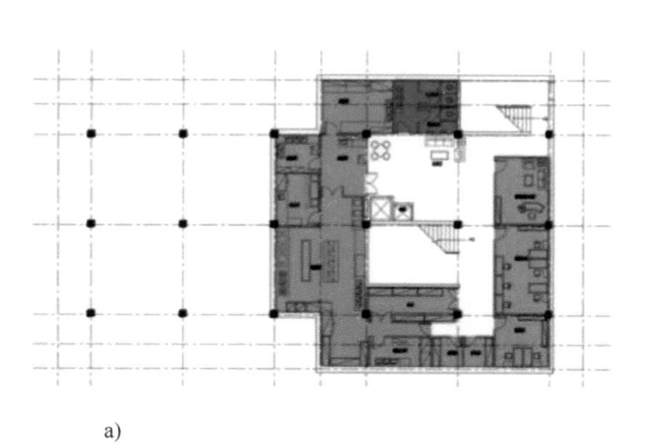

a)

图5-18　功能分区及交通流线图

a）功能分区图

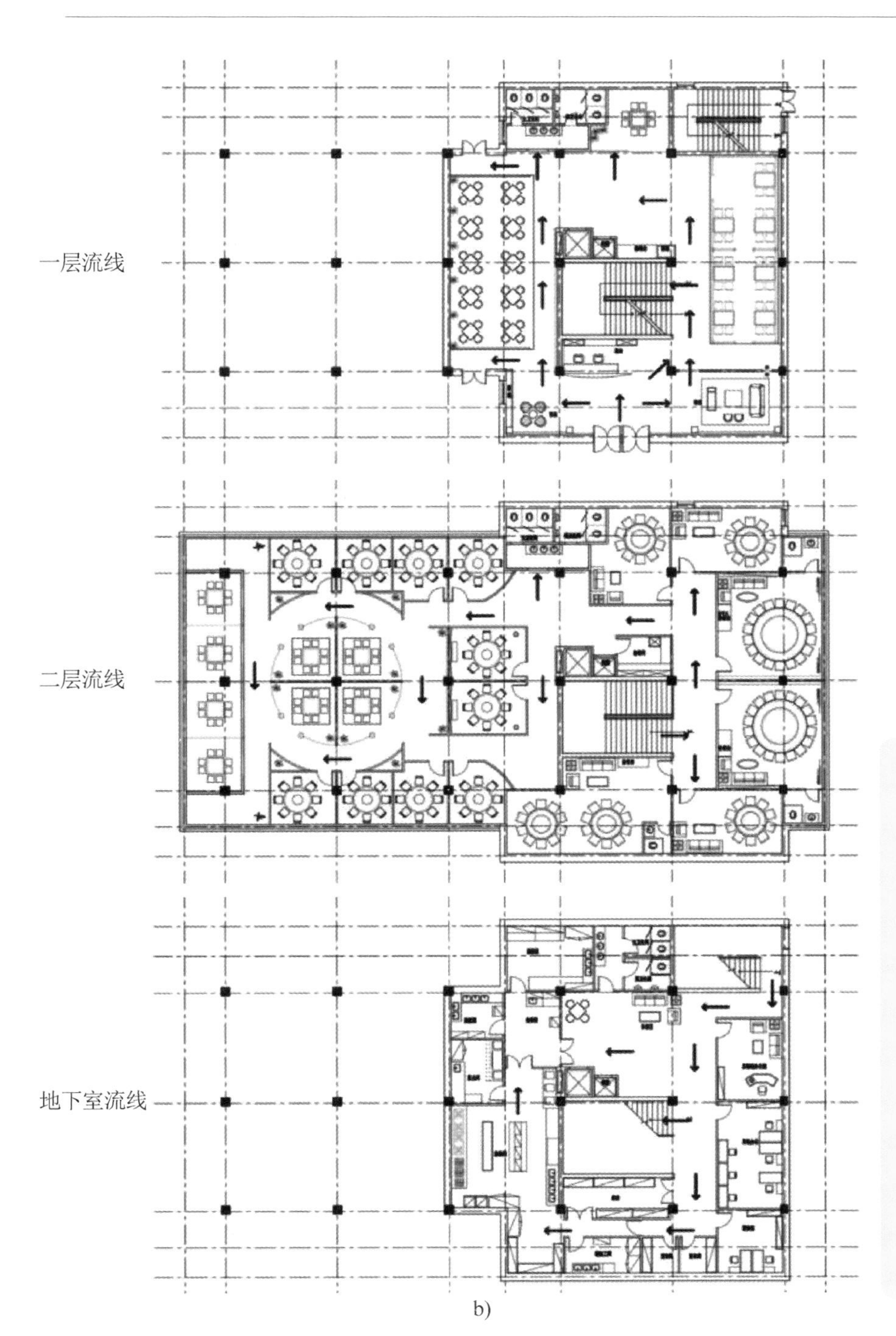

图 5-18　功能分区及交通流线图（续）
b）交通流线图

评语：

功能分区合理，将餐厅的主入口设置于人流较多的大道旁，主要客席朝南，有良好的采光。门厅面积宽敞，等候区相对安静。设置独立点菜区，它既处于视觉焦点，又独立僻静、人流不相混杂。后勤与厨房设在地下一层，并设置独立的工作人员与食物出入口。整体分区简洁明了，并且咬合较密切。客用通道与服务通道相对分离，避免了两者的交叉碰撞，且都采用直线，通道的宽度符合营业服务的需要。

平面布置

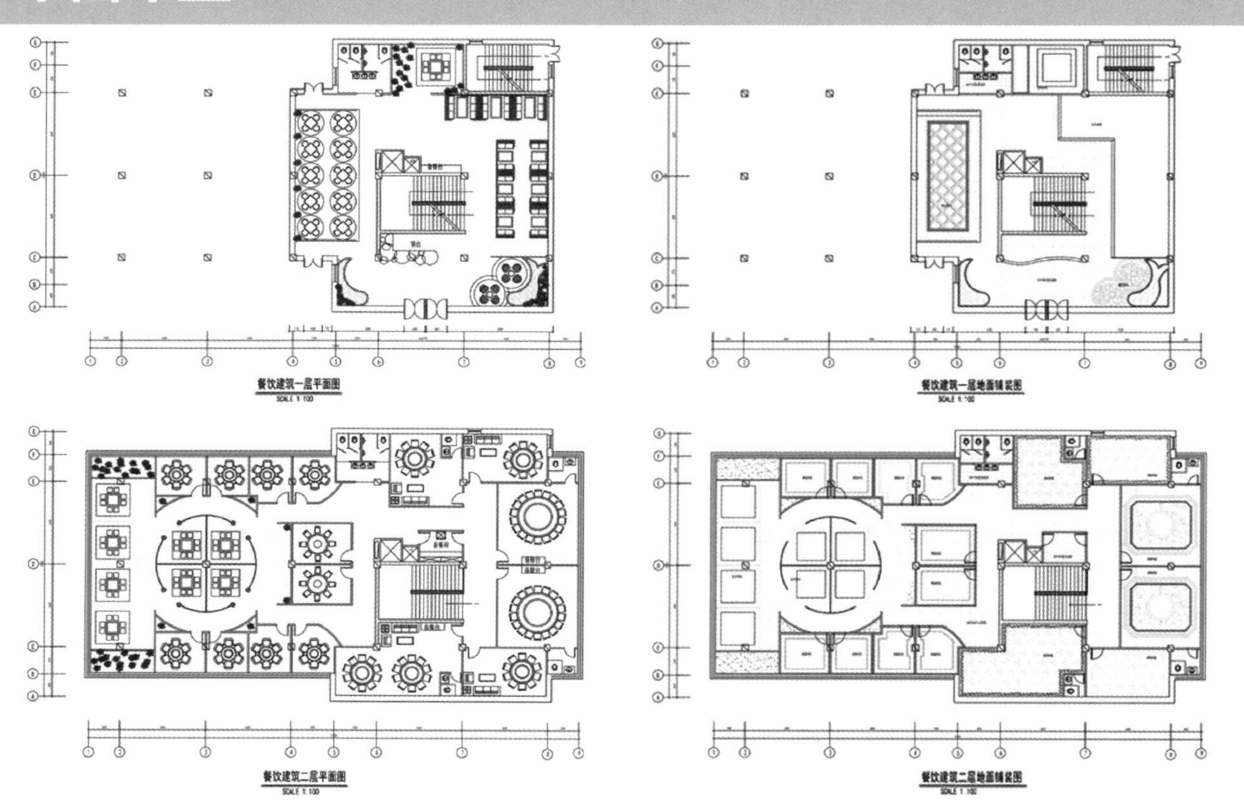

图 5-19　主题餐厅平面图

评语：

该项目平面大致为矩形，一层前台正对大门，左右两侧为等候区域。前台右边正对楼梯的是由栏杆围合成的雅座，左边是开敞的散座。二层空间整体对称，最左边是由栏杆围合成的雅座，往右是包房。CAD 制图熟练，图样符合制图规范要求。

顶面布置

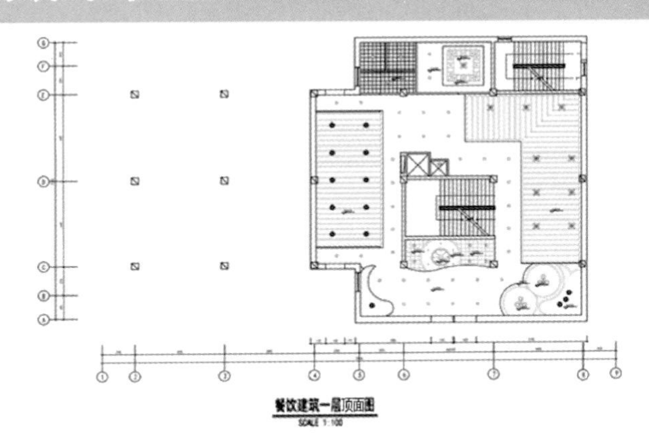

一层在顶面布置上按功能分区进行划分:

1. 接待台顶面做生态木造型，装LED平板灯（定制150mm×900mm）。
2. 等候区做石膏板吊顶，刷白色硅藻泥涂料，镶黑色亚克力条造型，安LED筒灯。
3. 用餐区做生态木造型，安吊灯或筒灯。
4. 卫生间做300×300集成吊顶，安防潮吸顶灯；做石膏板吊顶，刷白色硅藻泥涂料，镶黑色亚克力条造型，安LED筒灯。

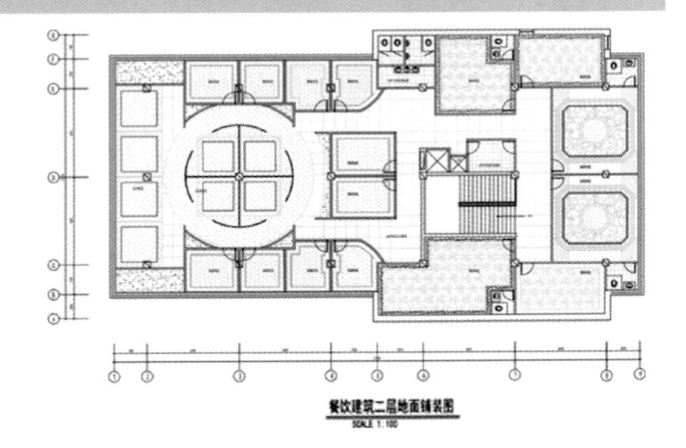

二层在顶面布置上按房间划分:

1. 四种类型的包房在顶面布置上都做石膏板造型（刷白色硅藻泥涂料），或石膏板造型和木造型结合。安吊灯、LED筒灯、暗藏灯带。
2. 公共用餐区做生态木造型，安吊灯。
3. 卫生间做法与一层相同。走廊做石膏板吊顶（刷白色硅藻泥涂料），安筒灯。

图 5-20　主题餐厅顶面布置图

评语：

该项目的顶面、墙面均采用木梁吊顶营造自然、温馨、精致而幽深的氛围，清晰明确地表达其造型和施工方式，更细微复杂的地方就用节点大样图清楚表达。

剖、立面图

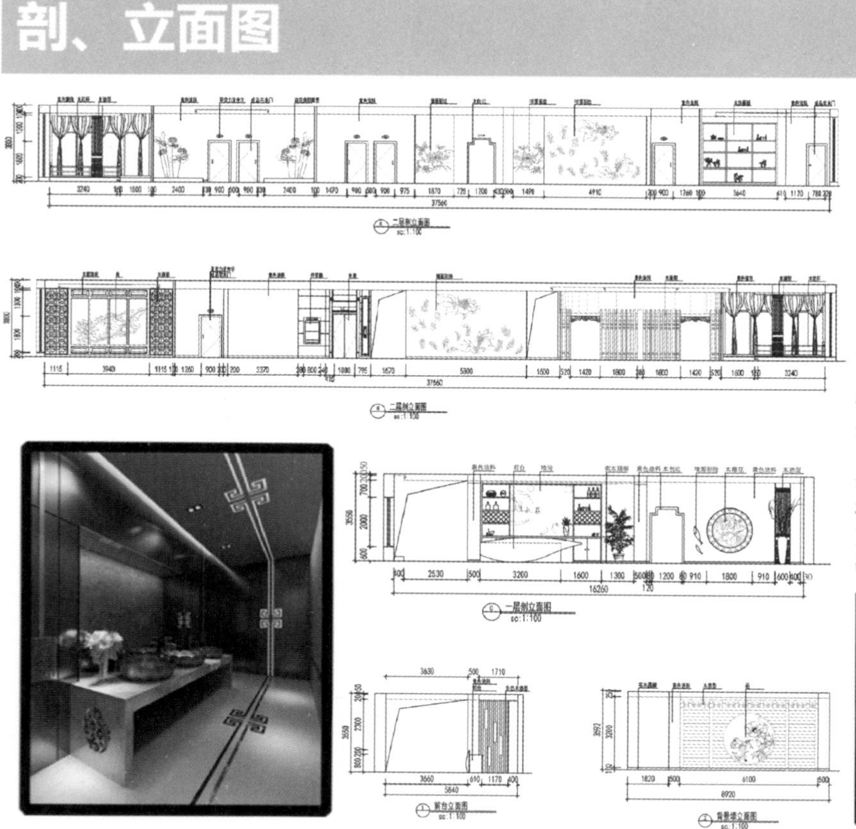

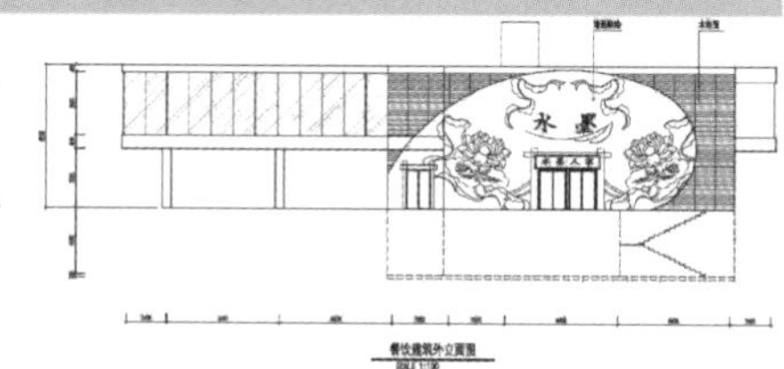

一层大门选用中式风格木门，前台的背景墙选用凹字形背柜，凹的部分有一个小的LOGO设计，承载文化内涵。

二层空间采用大面积的落地窗，让人们拥有开阔的视野，在就餐之余还能欣赏窗外美景，拉近人与自然之间的距离。

走廊墙面全部采用彩绘（水墨画）的方式，犹如梦境般的画作游廊，晕染着意境的时空，将人们引向包房之中；而包房之间的水墨画更是巧妙地链接每个空间。柱采用木格栅包裹，能隐隐露出柱面彩绘。

图 5-21　主题餐厅剖立面图

评语：

在整个项目中，墙面都以涂料和木材为主。等候区有部分彩绘，简单大气，又不失中式餐厅的优雅。散座区墙面用巨大毛笔笔架进行装饰，凸显主题。立面以水墨的元素造型、色彩以及装饰体现水墨主题餐厅的特色。装饰方面通过水墨画、青花瓷、屏风，以及笔、墨、纸、砚的抽象形态来体现主题。

（四）效果图表现（见图5-22和图5-23）

a)

b)

图5-22　主题餐厅室内效果图

a）一楼前台　b）散座区

c)

d)

图 5-22　主题餐厅室内效果图（续）
c）半封闭式包房　d）大包房

评语：

该学员能根据各个平、立面图，熟练运用两点透视原理完成各个空间的效果图绘制，透视关系准确，色彩搭配合理。上色时拉开了物体间的明暗、虚实和冷暖关系；在同类色的表达中，能将物体之间的色彩分开，亮部留白，使画面更通透、生动。

图 5-23　主题餐厅外立面效果图

评语：

本项目的建筑形体基本呈方形，上大下小，简单而平整，几乎没有任何多余的装饰。表现手法和建造手段统一，建筑形体和内部功能相配合。构图上灵活均衡，处理手法简洁，形体纯净。

单元三　办公空间：设计工作室室内设计

现代办公模式多样而富有变化性，相对应地，办公空间也种类繁多。办公空间的设计不仅包含了艺术装饰元素的应用，更多的是对人体工程学、建筑结构与设备配套、声、光、电等多方面理论与技术的整合。

一、设计要求

该项目是成都某办公楼内的设计工作室，位于21层，长为14.73m，宽为8.73m，墙厚240mm，面积约129m^2，净高3.6m。设计时应考虑以下几点。

① 本项目处于高新区核心地带，为甲级写字楼。

② 最大化利用原空间优势，最优化解决原空间的弊端。

③ 根据不同的工作性质、功能需求，合理分隔功能空间。

④ 建立“以人为本”的设计理念，注重细节，使室内环境具有灵活性。

二、快题设计表现流程

前期准备→草图分析→方案确定、图纸深化→效果图表现。

三、功能要求

① 前台接待：设置接待台、公司背景墙、等候洽谈区。

② 文印空间：可安排在开放空间内，也可单独设置。

③ 产品陈列区：陈列作品。

④ 储藏室：存放材料样本或备用设备。

⑤ 茶水间、休息室：兼作午餐室及下午茶室。

⑥ 设计总监办公：1人，可安排在开放空间内，也可单独设置。

⑦ 开放式办公：布局灵活，充分利用空间。

⑧ 小会议室：8～12人，可单独设置，也可设于开放空间内。

⑨ 文件柜：固定式或移动式，考虑不同部门使用。

四、图纸要求

完成设计工作室室内设计，排版、比例自行设定。图纸要求如下。

① 功能分析图：用色块表示各功能区域。

② 流线组织图：用线条标注各流线关系。

③ 平面布置图：标示墙体、家具、地坪材料、房间名称、地面标高。

④ 顶面布置图：标示灯具、材料、设备、标高。

⑤ 立面（展开）图：标示造型、工艺、材料。

⑥ 剖面图：除立面图要求外，有特殊工艺的需绘制节点大样详图。

⑦ 透视图：主要空间效果图，表现手法不限。

五、基地图（见图 5-24）

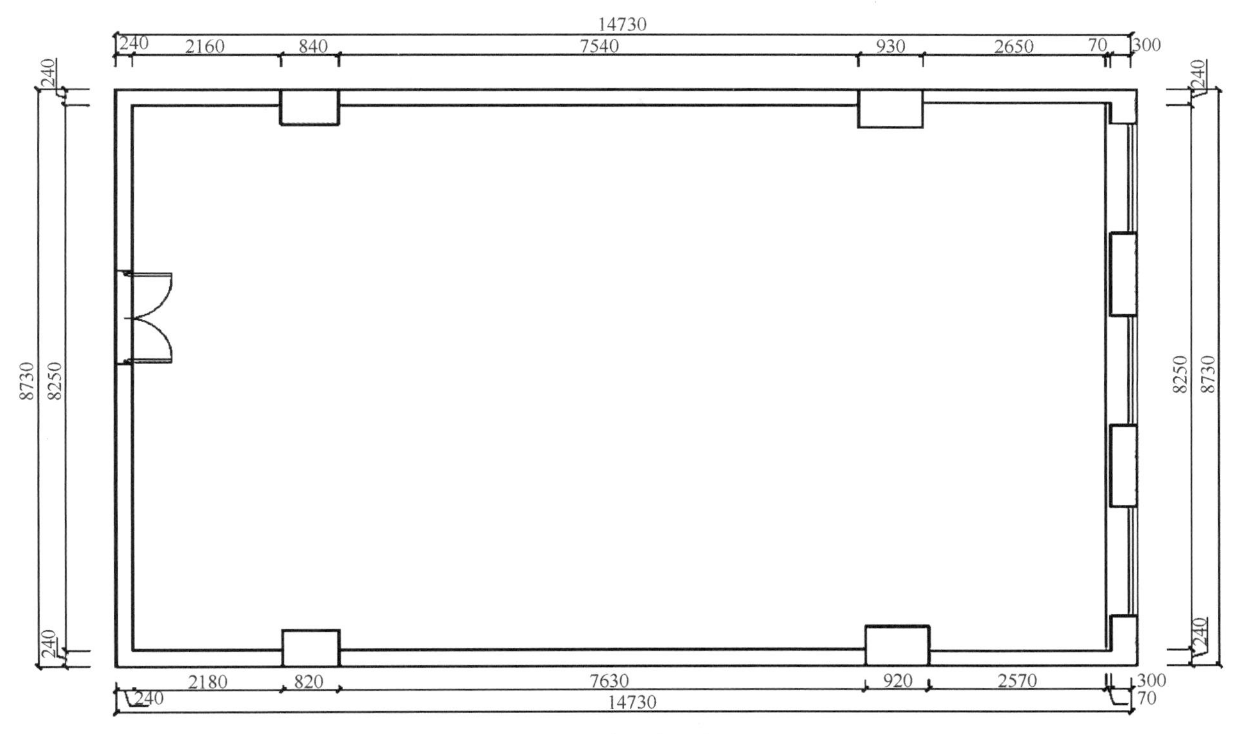

图 5-24　设计工作室房型图

六、作业展示

（一）前期准备

（1）项目信息　该项目是位于成都高新区核心地带某办公楼内的设计工作室，周边配套齐全，交通便利。项目位于 21 层，南北朝向，采光、通风条件良好。设计时应考虑项目位于城市核心区甲级写字楼内，要与其风格档次相匹配，同时也可融入成都文化特色，达到设计与文化交融的设计效果。基地分析见图 5-25。

（2）项目现状　该项目的设计目的是为办公人员服务，对于电源位置以及接线方式等情况要作一定了解，方便后续设计。对现有电气设施应处理得当，做到铺设简单、线路短捷、使用方便。

（3）项目设置　细致了解办公人员及办公设备数量、预计投入资金、服务类型以及档次等问题。可通过发放调查问卷的形式收集从业人员意向，如：人员年龄范围、喜好风格、对空间的特殊需求，最终完成资料分析，再以 PPT 形式汇总意向分析结果。设计意见图见图 5-26。

基地分析

布鲁顿广场由成都中林荣盛置业有限公司开发，建设净用地面积20118.25m²，由办公、住宅和商业三大功能构成。地上面积120500m²，其中办公71200m²，住宅24000m²，商业25300m²；地下面积47100m²，停车位1015个。办公为两座100m高的甲级写字楼；住宅为一座100m高、70年产权的精装公寓；商业由三部分构成，分别为两座4层独立商业写字楼、住宅下的3层裙楼商业以及地下一层商业，以餐饮娱乐为主。

图 5-25　基地分析

办公空间方案意向图

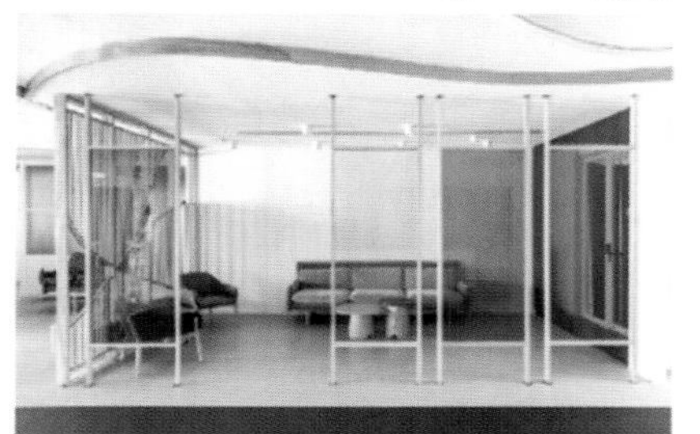

图 5-26　设计意向图

（二）草图分析

（1）设计定位　整体设计应达到空间通透、流线明确、色彩简洁大方、明快舒适的效果。整个空间以现代简约风格为主，搭配明快的色块，达到以少胜多、以简胜繁的效果。

（2）设计草图（见图 5-27）

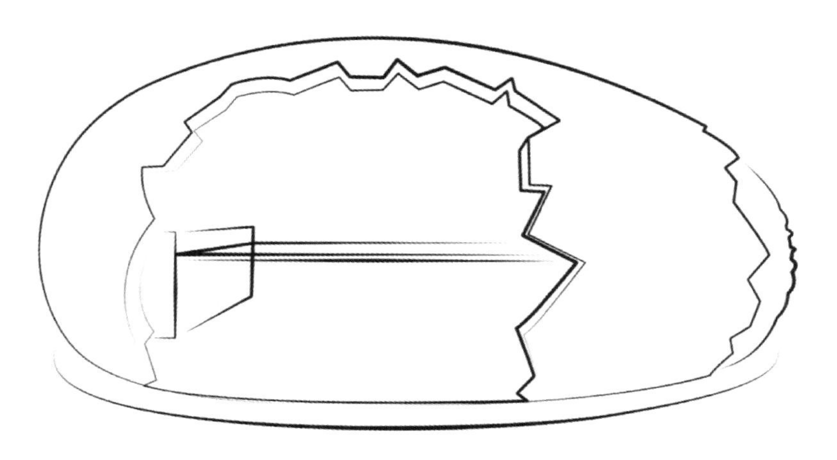

图 5-27　办公空间设计草图

评语：

概念来自于一颗破碎的蛋壳，一颗刚孵化的鸡蛋，象征设计工作室朝气蓬勃，是一支充满无限可能的年轻团队。

（3）设计分析　包括功能分区图、流线分析图（见图 5-28）、空间分析图（见图 5-29）等。

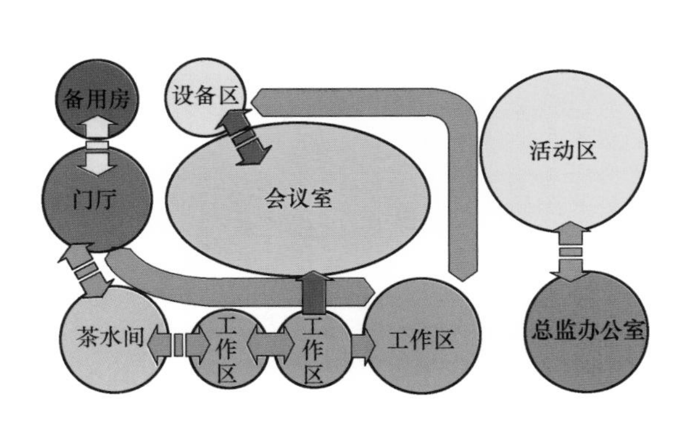

图 5-28　功能分区及流线分析图

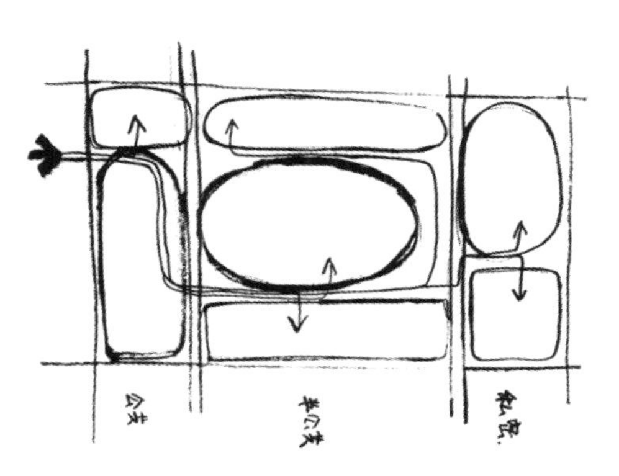

图 5-29　空间分析图

（三）方案确定、图纸深化

（1）平面图（见图 5-30）

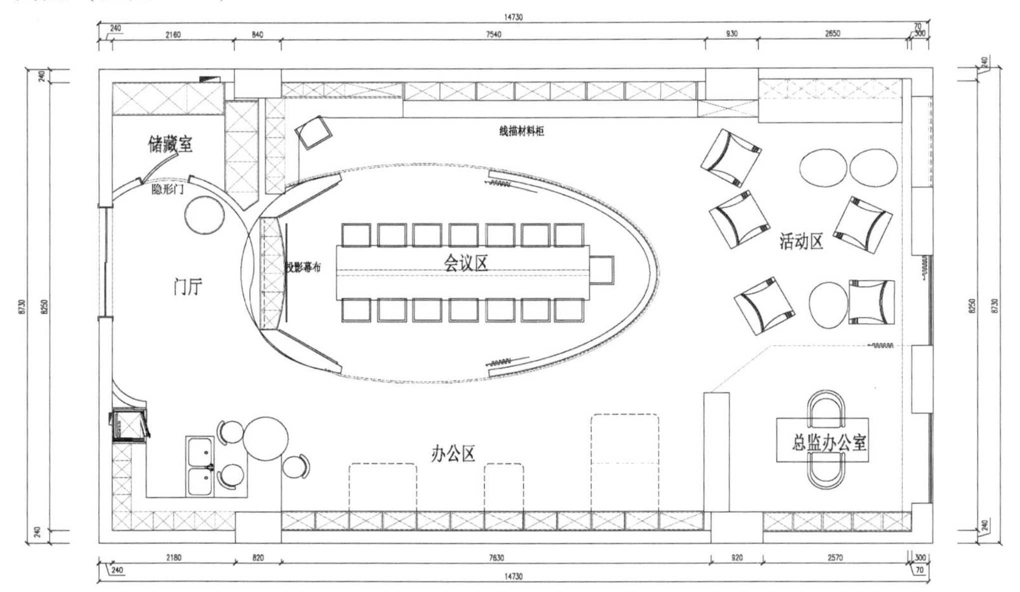

图 5-30　设计工作室平面图

（2）顶面图（见图 5-31）

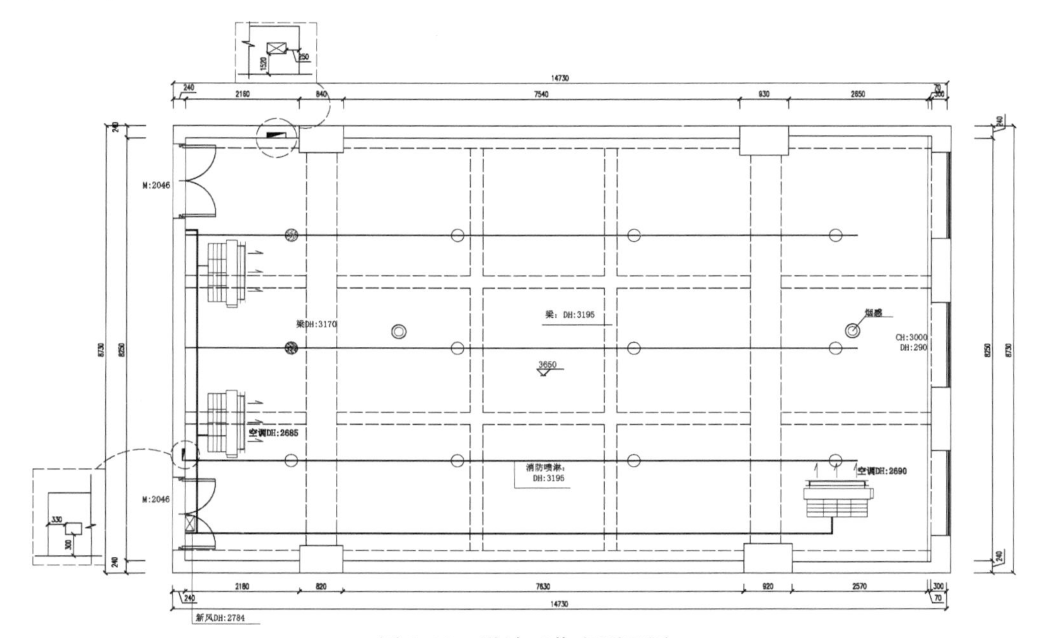

图 5-31　设计工作室顶面图

（3）立面图（见图5-32）

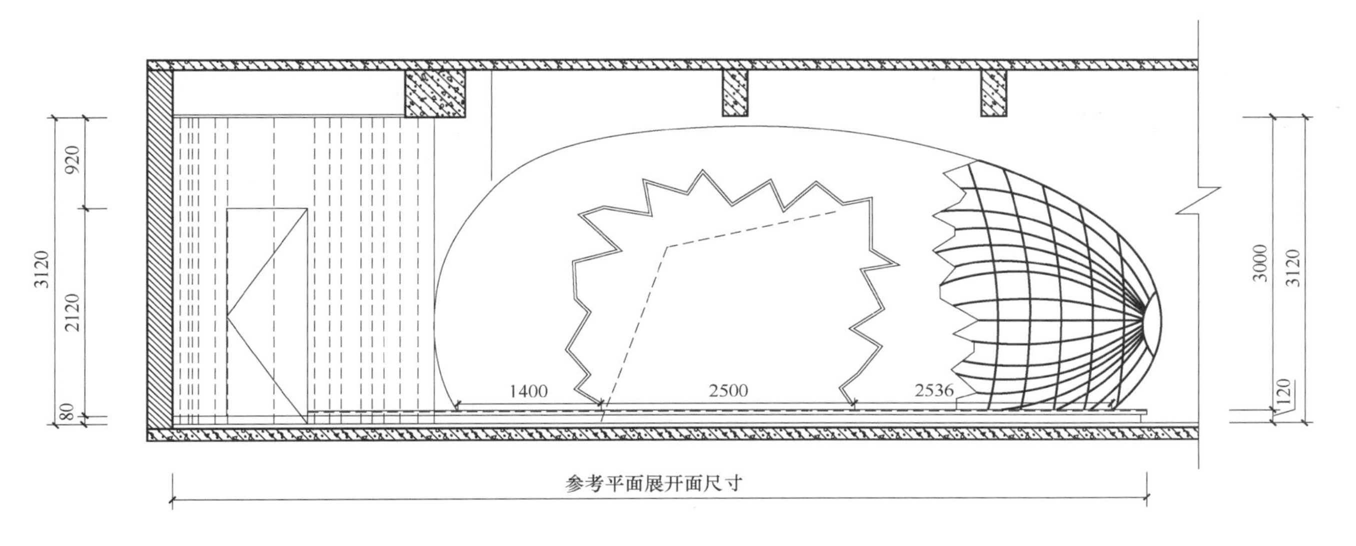

图5-32　设计工作室立面图

（4）效果图（见图5-33）

图5-33　设计工作室效果图

图 5-33　设计工作室效果图（续）

单元四 酒店空间：民宿室内设计

酒店空间类型多样、面积较大，对空间想象能力、综合设计能力与制图能力要求均较高。这里选择面积较小、功能相对简单的民宿进行讲解，使读者学会利用原有建筑布局加以重塑，结合设计手法提升住宿品质，增加民宿的新鲜感与体验感。

一、设计要求

该民宿坐落于浙江省淳安县西南部的姜家镇，小镇位于三面环水的半岛上，不仅生态环境优美，更有悠久的历史和浓厚的文化底蕴，是杭州市首批13个“风情小镇”之一。设计前要求收集资料，展开调研，确定民宿品牌和理念定位，充分了解当地自然和人文景观，理解并尊重地域特征，在满足基本需求的同时赋予设计一定的主题特色及创意。

二、快题设计表现流程

前期准备→草图分析→方案确定、图纸深化→效果图表现。

三、功能要求

① 入口：宜设置在主路方向，方便泊车。
② 公共休息区：设置前台、沙发及电脑。
③ 餐厅：民宿空间较小，餐厅设置受限，可利用庭院空间，将室内外景观综合考虑。
④ 客房：包括标准房、大床房、套房，且均需独立卫生间。

四、图纸要求

完成民宿一层室内设计，排版、比例自行设定。图纸要求如下。
① 功能分析图：用不同色块表示各功能分区。
② 平面布置图：标示房间名称、地面标高、家具及设备位置。
③ 顶面布置图：标示顶面灯具、材料、标高。
④ 地坪材料图：标示地面标高、材料。
⑤ 立面（展开）图：标示立面造型、材料。
⑥ 剖面图：特殊变化处绘制节点大样详图。
⑦ 透视图：主要空间效果图，表现手法不限。

五、基地图

建筑高度6.4m，共两层，鉴于工作量较大，这里只对一层进行设计（见图5-34）。

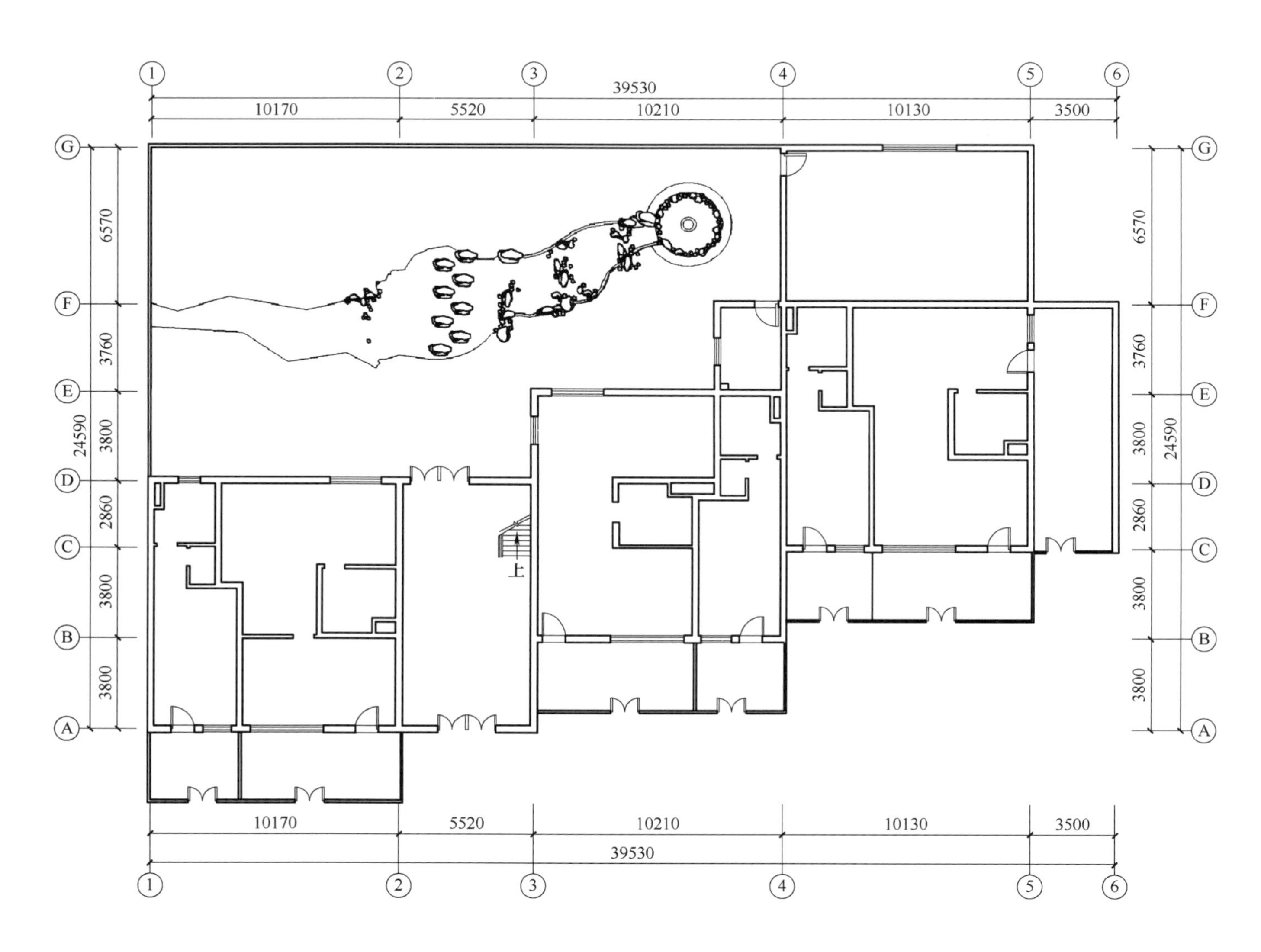
1
2
3
4
5
6
39530
10170
5520
10210
10130
3500
G
F
E
D
C
B
A
6570
3760
3800
2860
3800
3800
24590
上

图 5-34 民宿房型图

六、作业点评

（一）前期准备（见图 5-35 和图 5-36）

民宿背景介绍

姜家镇

姜家镇位于淳安县西南部，东邻界首乡，西南濒千岛湖，西接浪川乡。本项目选址在姜家镇。这里全年光照充足，气候温和湿润，四季分明。三面环水，景色宜人，人称“一江碧波绕山镇、天光云影美如画”，是一处幽雅宁静之地，自古以来就有“郁溪胜迹”之誉。城镇有郁川、银峰、姜公、狮石、宏山等5条主要街道，全长6.3km。在这里可以“与闲云野鹤为伴，择良禽草木而栖”，可以抚平客人焦虑的心情，让其全身心地放松于此。

图 5-35　民宿背景介绍

评语：

了解当地风土人情，是做好民宿的重要前提，也是一项综合性极强的工作，它涵盖了区位分析、环境分析、交通分析、历史调研、自然条件分析、周边景观和已有民宿现况分析等。

民宿方案意向图

姜家镇全年光照充足，合理的外部庭院能给民宿使用者带来愉悦的感受。三五好友院内喝茶、聊天，年轻的朋友烧烤聚餐都是不错的选择。

除了满足游客住宿的需求外，当地特色美食也是民宿所提供的必不可少的服务项目。适当引入室外环境，可以营造良好的用餐氛围。

客房空间由卧室、客厅、浴室等几个必要空间组成。在满足客房空间的住宿功能后，通过精巧的软装陈设突出民宿的风格和特点尤为重要。

卧室可以采用木、石元素。石头、老瓦、旧木、夯土、老砖等，这些简单又令人怀念的本土元素，满足了现代人对自然生活的向往。

图 5-36 民宿方案意向图

评语：

随着生活节奏加快，都市白领对乡村生活的向往越加强烈。他们会在周末或节假日，约上好友或家人前往周边民宿小住。姜家镇拥有得天独厚的地理优势，设计选定以木、石为主的自然朴素风格，比富丽堂皇的欧式风格更加贴合自然，风格定位准确。

（二）草图分析（见图5-37）

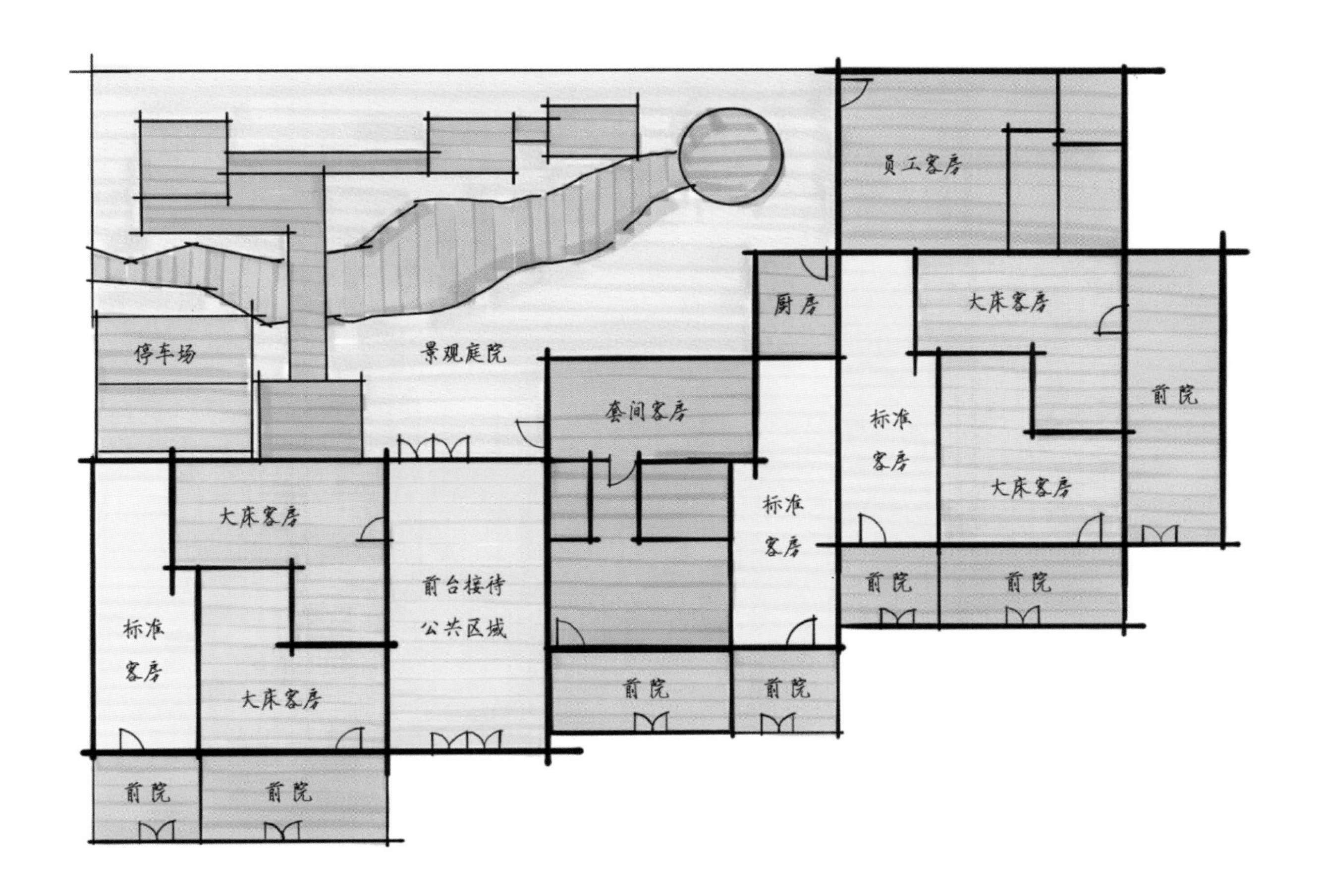

图5-37　功能分区图

评语：

通过单线条和色块分区，每间客房均有独立前院，使游客更亲近自然。员工房设计在后侧尽端，保证了服务人员与游客生活各自的私密性。如能让所有住客进出民宿都能经过前台，则对安全管理将有更好的保障。

（三）方案确定、图纸深化（见图 5-38 ~ 图 5-41）

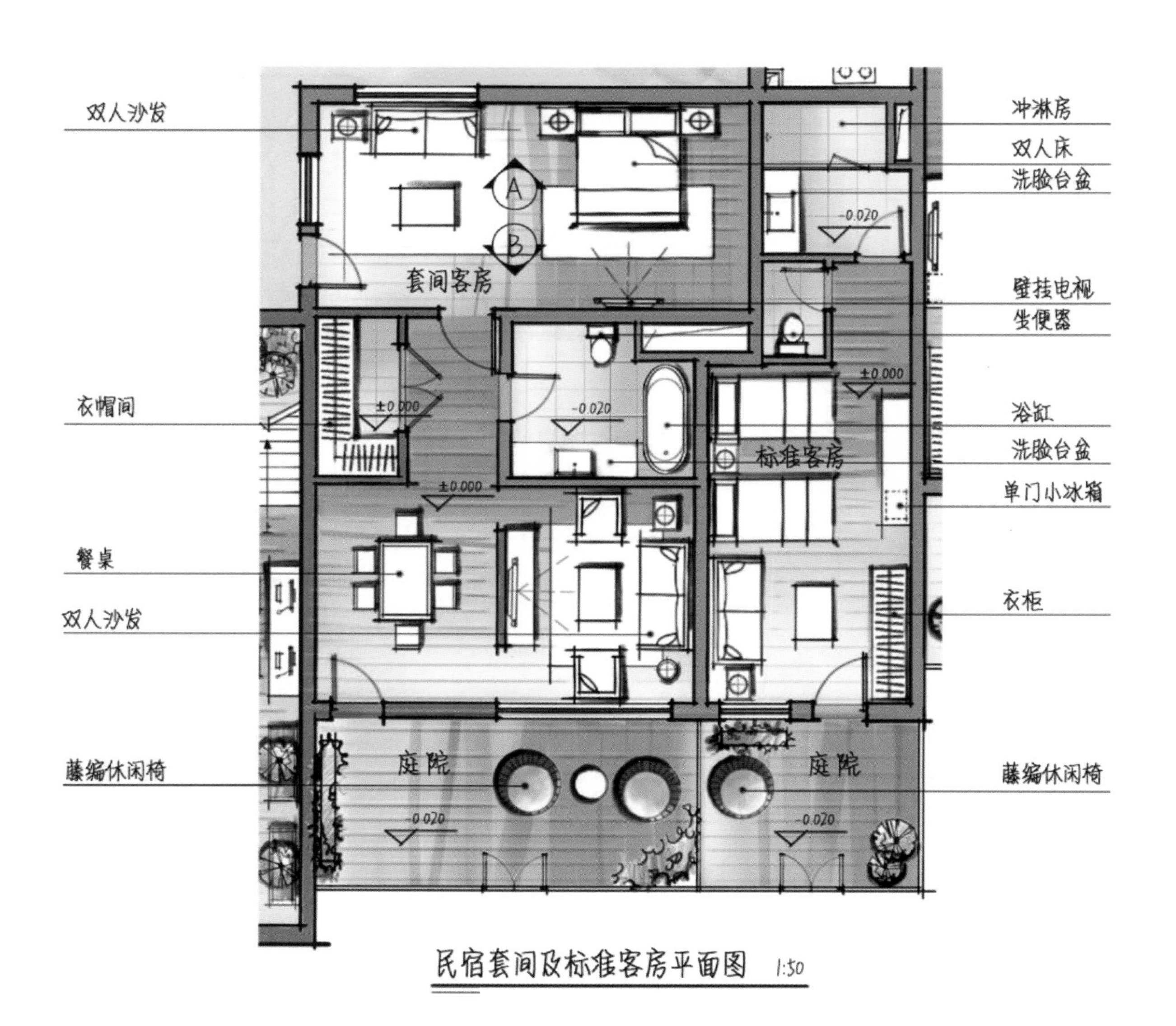

图 5-38　套房及标准房平面图

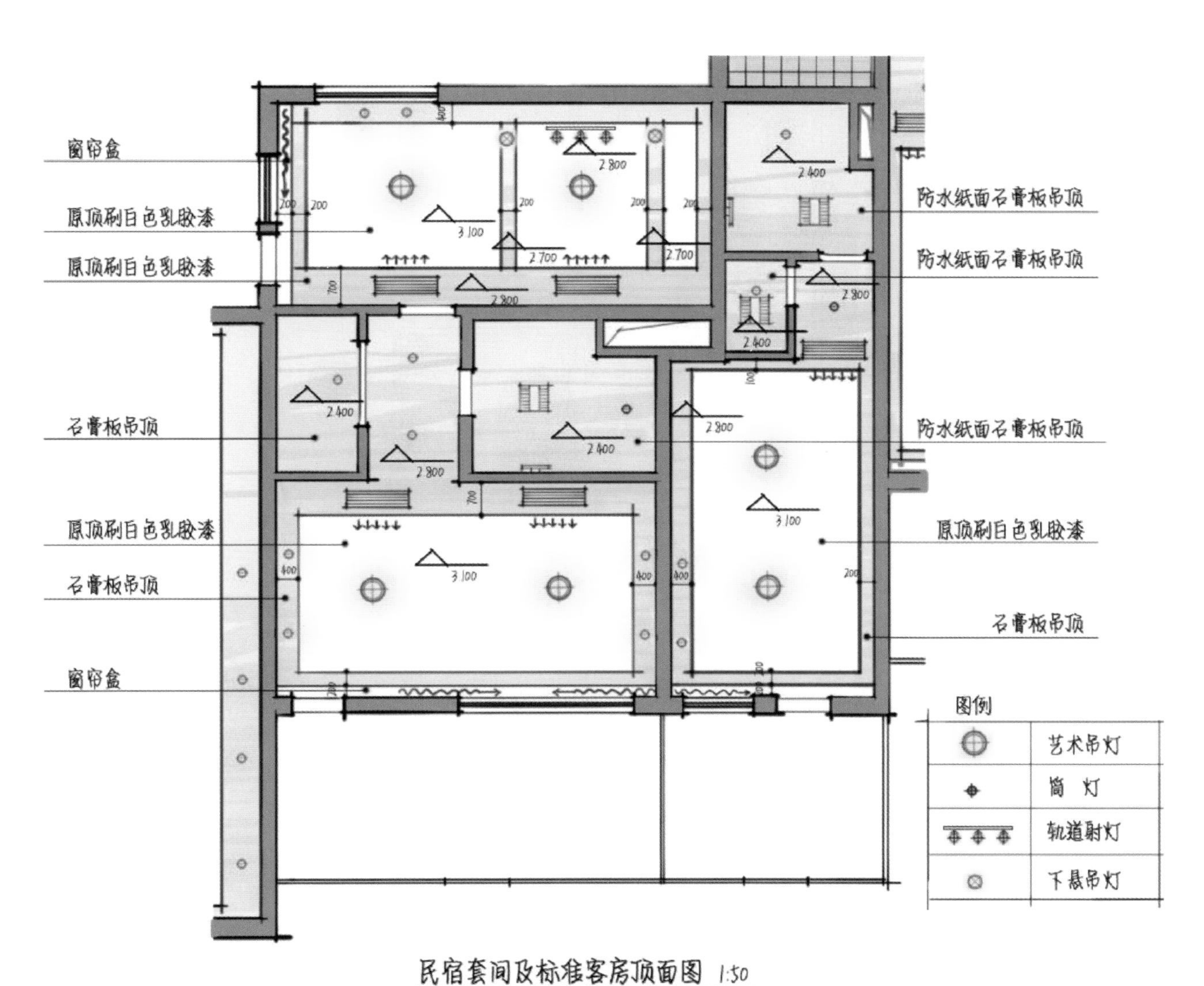

图 5-39　套房及标准房顶面图

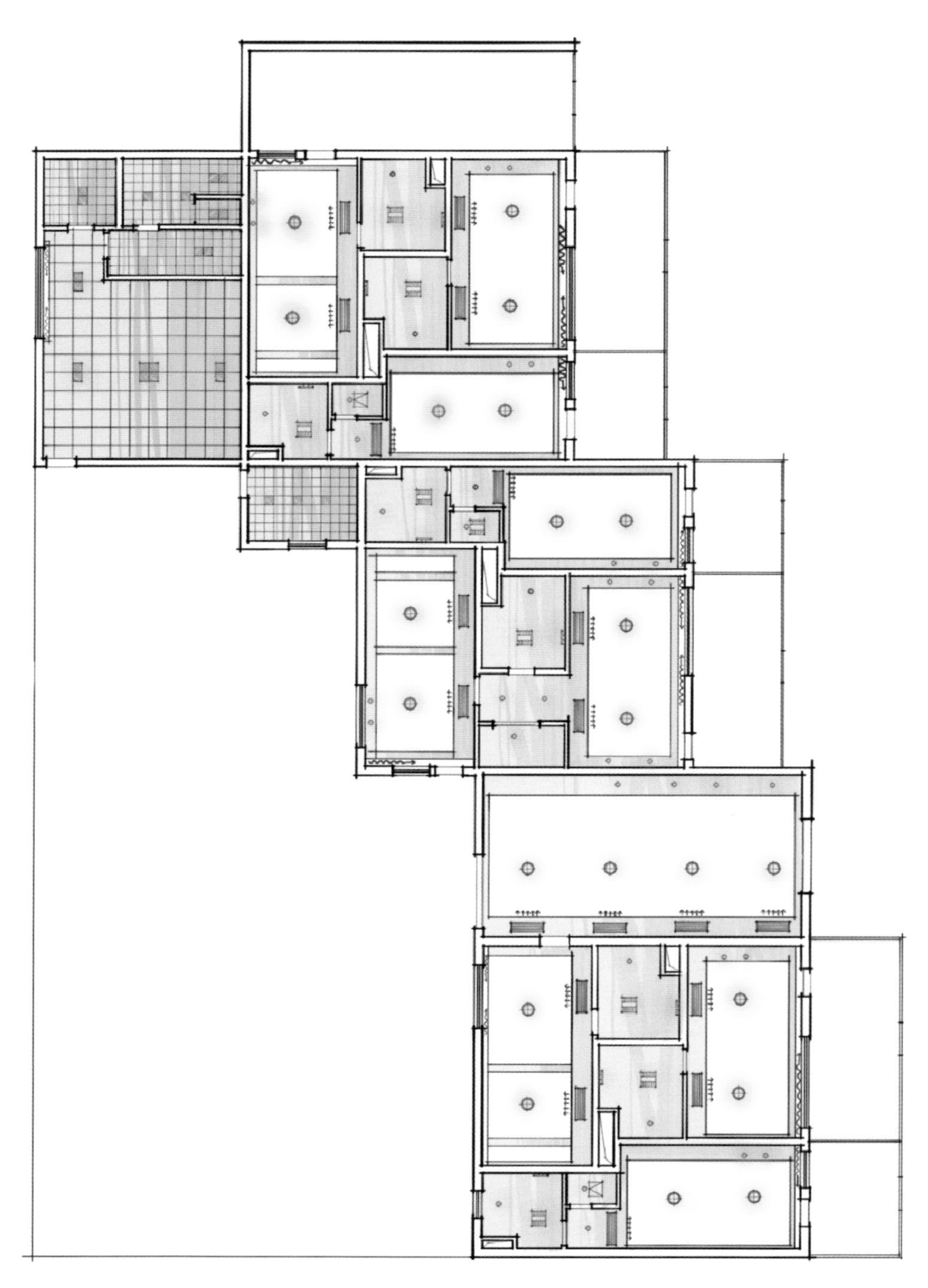

图 5-40　民宿顶面图

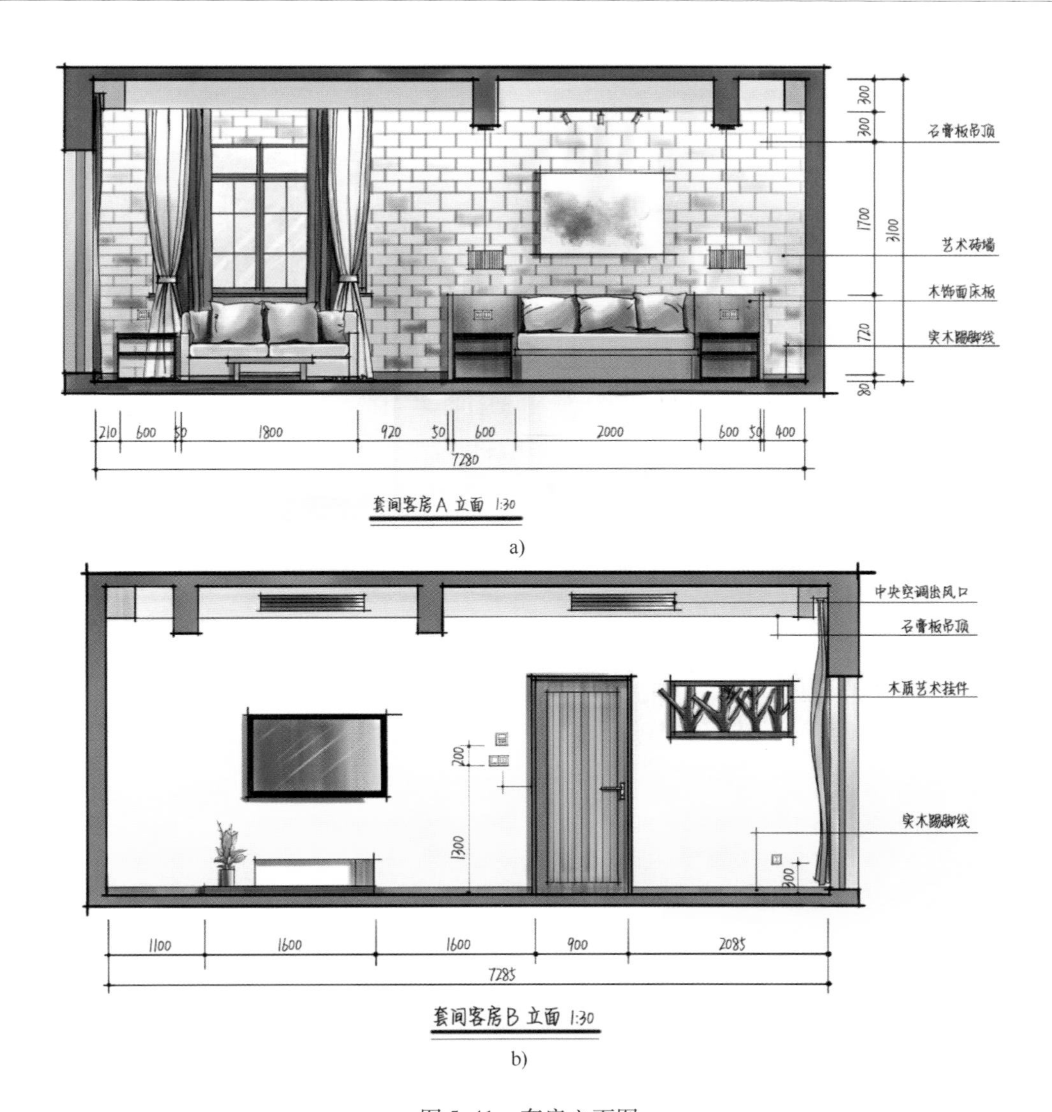

图 5-41 套房立面图

a）套房 A 立面图 b）套房 B 立面图

评语：

能熟练手绘出平面图、顶面图及立面图，制图规范，用笔熟练，不同区域的材质、肌理及投影关系表现得恰到好处，即使未受过专业训练的人士也能轻松读懂图纸。设计风格清新、质朴，营造出居家的氛围。通过窗帘、布艺沙发及复古砖墙等精巧的陈设，突出了民宿的特点。

客房透视线稿（一）

客房透视线稿（二）

客房透视上色（一）

客房透视上色（二）

图5-42 套房效果图

（四）效果图表现（见图5-42）

评语：

熟练运用两点透视原理，诠释了套房的餐厅及会客区。采用暖色调配以新中式家具，带来自然亲切的感受，拉近了人与人之间、人与空间之间的距离。

因描绘的空间较大，所以表现重点在于主次和虚实关系。图中会客区已足够细腻丰富，故餐厅左上角可用大块植物轮廓虚化边缘，使画面更自然。

单元五 设计大作业实施细则

一、设计大作业的要求与目的

1）了解公共空间室内设计的程序。

2）初步掌握常用公共空间室内设计的风格与流派。

3）综合掌握“接收任务、进行分析、明确要求、收集资料、提出构思、草图表达、方案比较、最后定稿、绘制图纸”等一系列设计方法和步骤。

4）进一步提高学生观察、分析、综合和表达的能力，启发学生进行创造性思维。同时使学生进一步掌握公共空间的相关设计知识和基本规范，以增强学生在实际工作中解决实际问题的动手操作能力。

5）学习、研究、制作公共空间的功能分析及交通组织图。

6）通过选用材料、设计护饰面、摆放家具等，了解公共空间的主要建筑材料及家具设备。

7）了解市场价格，为接下来的预算课程作前导训练。

8）使学生在设计思想和设计理念上得到不断的完善和成熟，并且使设计思想和设计理念能有新的发展和拓宽，以适应现代室内设计发展的需要。同时使学生在表达技法上能得到进一步提高，使学生学会使用多种技法综合表达。

二、所需工具及材料

一般来说，公共空间室内设计作业在草图阶段仍可采用手绘，终稿可以采用手绘，也可以在手绘之后将全部图纸使用 AutoCAD 及 3d Max 等软件制作。在草图设计阶段需要用到的工具与材料有：拷贝纸、坐标纸、硫酸纸、比例尺、铅笔、橡皮、针管笔、一字尺、图板、裁纸刀、彩铅、马克笔等。如需要制作模型，则一般采用白卡纸与厚卡纸。

三、图样数量及要求

1）客户意向分析（详见本单元“五、客户意向及设计分析”）。

2）功能分析图：用不同色块表示出公共空间中的各大功能（详见本单元“六、功能分区与流线组织”）。

3）流线组织图：用不同线条标注不同人群的流线，流线设计应符合规范要求（详见本单元“六、功能分区与流线组织”）。

4）平面图：应标示出家具、设备的布置，房间名称，标高，剖立面的位置。

5）顶面图：应标示出灯具、顶面材料、标高。

6）铺地平面图：应标示出地面标高及材料、铺设方法，特殊的应精确到每块砖木。

7）立面（展开）图：应标注材料、做法及精确尺寸。

8）剖面图：除立面图的要求外，还要绘制出建筑墙体、楼地面、隔层结构和所剖切到的室内、装饰结构。

9）透视图：一点透视图及两点透视图至少各一张。

10）模型：采用白色厚卡纸制作简易模型，以体现设计的空间组织关系。

四、作业程序及阶段安排

（1）第一阶段　选择设计作业的主题，搜集相关的背景资料及行业运作方式，设计编写该公共空间室内设计计划书。以上内容要求收集图片加以说明，并制作成 PPT。PPT 的内容要包括以下几点。

1）公共空间的名称及特点。

2）设计理念与思路。

3）室内风格定位。

4）背景材料。

5）色彩与肌理的设计。

6）室内效果，家具、设备、装饰物的参考图片。

（2）第二阶段　选择建筑材料、设备及家具，制作该公共空间所需的材料表、设备表及家具表，表中要包含商品的品牌、型号、图片及单价。

（3）第三阶段　确定该公共空间的平面功能，在拷贝纸上绘制平面草图，确定风格、色彩、造型并解释原因。

（4）第四阶段　方案整改及方向调整。

（5）第五阶段　绘制立面图、剖面图草图。

（6）第六阶段　确定最终所使用的建筑材料。

（7）第七阶段　绘制正式图样。

（8）第八阶段（可省略）　制作模型，材料统一为厚卡纸、白卡纸与白色 KT 板。

（9）第九阶段　将全部图样用电脑制作并打印出图。

五、客户意向及设计分析

相比于居住空间室内设计，公共空间需要处理更多更复杂的信息，因而准确领会客户的需求成为设计成败最关键的因素。除此之外，还需要进行设计分析。

以办公空间为例，在进行办公空间的室内设计前，首先要进行背景资料的调研。背景资料分为两部分：产品信息及公司的工作运行模式。不同的产品必然采用完全不同的运作模式。面对不同办公室的室内设计，设计师需要掌握相应的知识。我们可以从以下几个问题着手，进而继续细致地研究。

1）办公室的使用者是谁？公司员工和客户的数量是多少？工作人员的年龄结构和文化层次如何？

2）公司的性质是什么？如果生产产品，是什么样的产品？

3）公司是怎么运作的？

4）客户对于办公形式、空间环境有什么具体要求？

5）建筑坐落在什么地方？现场与周边的环境如何？

6）企业的 CI 设计怎样？在室内设计中如何体现企业形象？

7）项目资金投入多少？

分析研究之后就要将成果与自己的设计意图展示出来，通常是做成图板或 PPT 的形式进行汇报。这是面对客户的第一次简报，对设计的成败至关重要。简报的目的是与客户沟通，了解设计的意图与信息是否准确、设计的理念是否到位等。

设计分析简报是对客户意向要求的确认，因此简报中最好包括尽可能多的客户信息和与之相关的细节。归根结底，设计分析简报是处理信息和创建数据库的一种办法。设计分析所收集的信息应该能够帮助确认客户的意向要求，给予客户信心。图 5-43 和图 5-44 为 MENSA 餐厅的意向分析。

图 5-43　MENSA 餐厅意向分析 1

任何一种颜色都可以设计成无数种质感，同时质感又依附于色彩，与色彩共同构筑界面的性质。质感反映出环境的风格、流派和品位。

表现一种质感不单单依赖建筑材料的选择，好的设计师是自己创造“质感神话”的。当然，在设计质感的时候要想好它应如何被做出来。

走入一个新的环境，色彩是一种最先影响情感的因素。因此，在方案设计之初就要有一个色彩设计的意向。

选择一些有代表性的图片展示你的色彩意向，这种方法在效果图制作之前与客户沟通时十分有效。不要认为你的客户都看得懂草图或平面图。

图 5-44 MENSA 餐厅意向分析 2

六、功能分区与流线组织

空间规划是公共空间设计的首要任务，其依据是建筑空间的特性、使用者的行为模式、机构和人员配备情况等。空间规划的最终目标是为使用者创造一个舒适、方便、安全、高效、快乐的工作环境。

1. 功能分区

公共空间面积较大、内容复杂，因此设计的第一步并不是立即分隔空间、摆放家具，而应该是进行大的功能分区。要将动与静、公共与私密等不同要求的空间进行分类布局，并根据各空间的特殊需求予以全面分析与考虑。

公共空间各个功能区有各自的特点，如办公室中的财务室应防盗，经理室的私密性要求较强，办公室要求高效实用。因此，在设计时可以将经理室和财务室设计成易于沟通的封闭空间；可以将员工工作区设计成开放式区域，且与休闲区相连，以便于员工工作之余的休息；将洽谈区设计到靠近门厅和会客区的区域（见图5-45）。

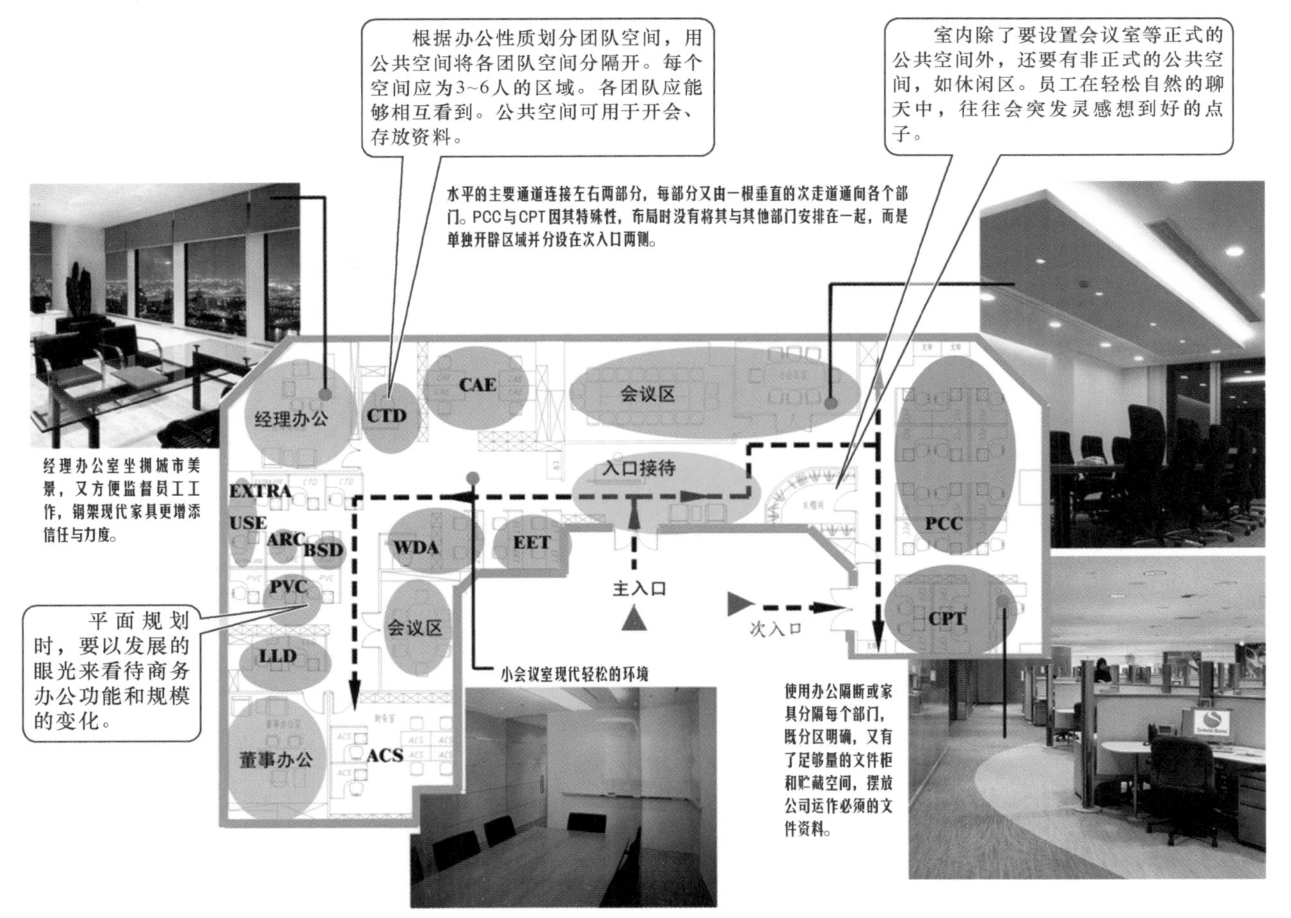

图5-45　功能分区图

2. 流线组织

功能分区之后就可以进行流线组织了。室内空间流线应该“顺”而不乱。顺是指导向明确、通道空间充足、区域布局合理。在设计过程中，可以通过草图的方式对室内流线进行分析，模拟各种不同的人流、物流在室内的行进路线，看看是否交叉、是否顺畅（见图 5-46）。

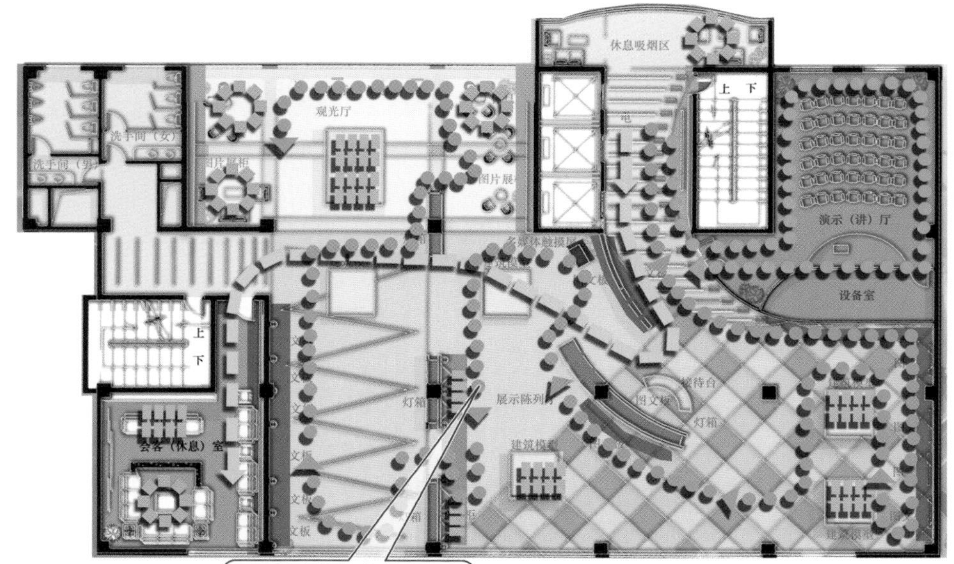

参观路线
重点参观节点
演讲（示）活动
会客
休息节点

流线组织图就是用不同颜色、线型的线条模拟各种人流与物流行进的全过程。线条要带有箭头以表示行进方向。一般是从入口开始，出口结束。此外，在安静的区域或人流停留处应设置节点，用来表示休息、中转、特殊停留等功能要求。

图中的线条要与图例相对应，流线要贯穿全部功能空间。流线要尽量避免交叉与混杂，越简洁越好。不同线条的色彩与形式要差异明显。

图 5-46　流线组织图

七、设计初步方案

设计初步方案应该展现一个项目不同组成部分的效果，以绘图和图解的方式说明客户将得到什么。在获得并分析了客户的意向要求、实施完勘探和必要的最初调查工作后，对于室内设计师而言，要求最高、最关键的阶段就是设计初步方案的创造过程。

设计初步方案创造阶段通常分为两个阶段。第一个阶段是确定理念阶段。这个阶段要求设计师具有完全开放的思维以及从不同角度进行思考的能力。灵感来自不同的源泉，理念基于和客户交流设计意向、要求过程中挑选出的一些关键词—— 一些富于联想性的词语或是与有趣的色彩、肌理相结合的富有想象力的理念。味觉、嗅觉、听觉和视觉都能参与到理念发展中来，并能帮助室内设计师打开记忆库和经验库。在为客户做设计时，室内设计师其实是在设计一个能带来某些心理感受的空间。

一旦理念被选定，就需要进一步分析、细化和评估。最终付诸实施的设计理念可能是为室内设计师提供工作参数的非正式图像或是更为正式的、在展示阶段面向客户的概念板。

一般来说，初步设计应包括平面布置图、效果草图、参考图片等。效果草图中可以标明设计者的想法、设定的材料、特殊做法等（见图5-47）。

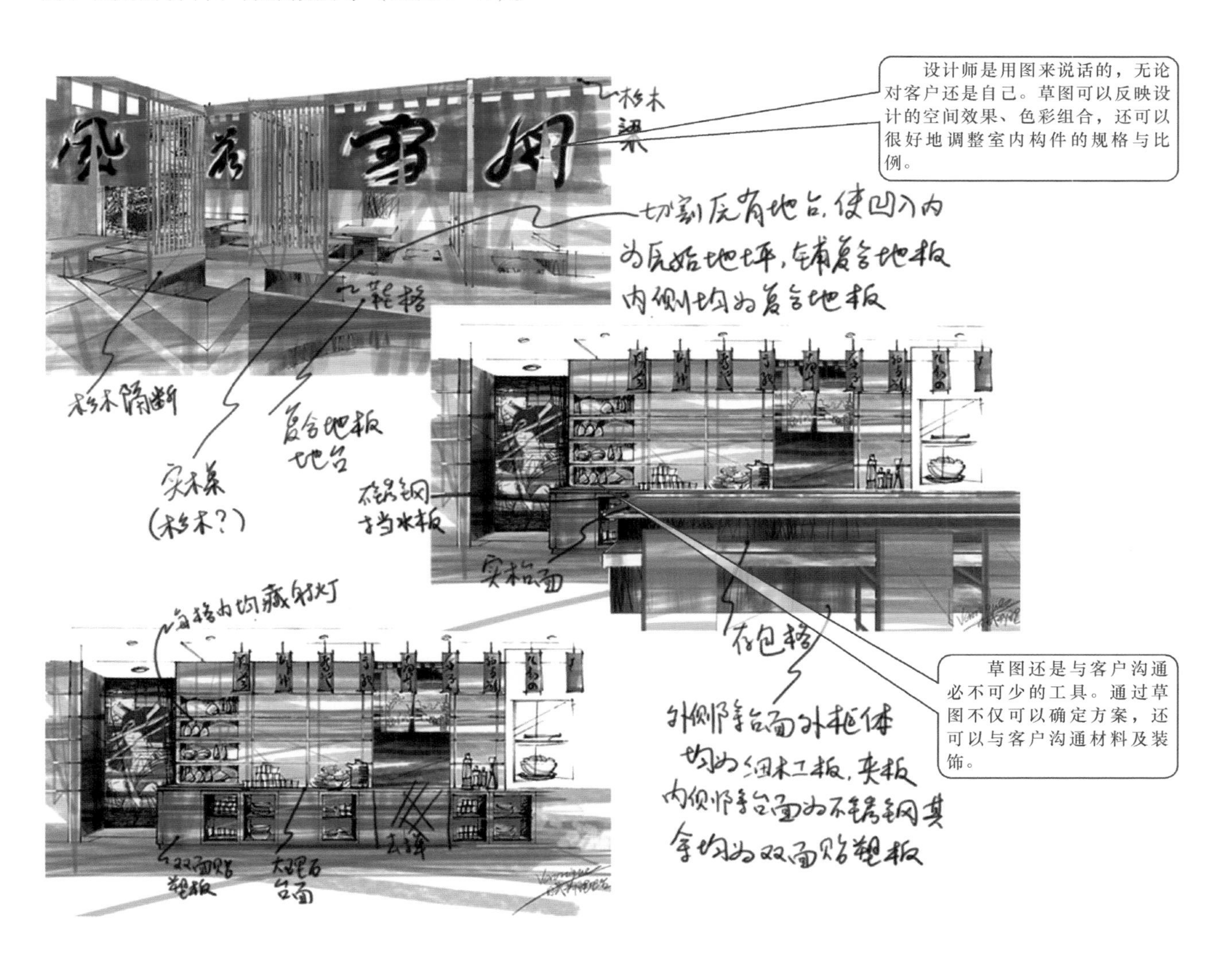

图5-47　初步方案图

八、细化方案

综合考虑平面布局的各项要素之后，要基本确定空间规划的初步方案，然后进一步深化。这个阶段要仔细推敲空间规划，特别是要考虑好空间流线的问题，准确计算空间区域的面积，确定空间分隔的规格和形式。之后，要确定各功能分区的家具和设备的平面布局，同时要考虑地面的具体处理。

接下来，根据各功能分区的平面布局进行相应的顶面设计。顶面设计的重点是结合中央空调、消防喷淋的设计，布置各种类型的灯具。设备管道和布光设计有很强的技术规范，会限制顶棚的形式。设计时要将这些限制条件转化为可利用的因素，通过造型的变化来解决技术规范问题。

完成空间平面布局和顶棚设计后，可进入空间立面的设计。做完立面设计以后，勾勒出空间的透视草图，将立面、顶面和家具都表现出来。若不协调，则需不断调整方案，直至达到和谐的效果为止（见图 5-48）。

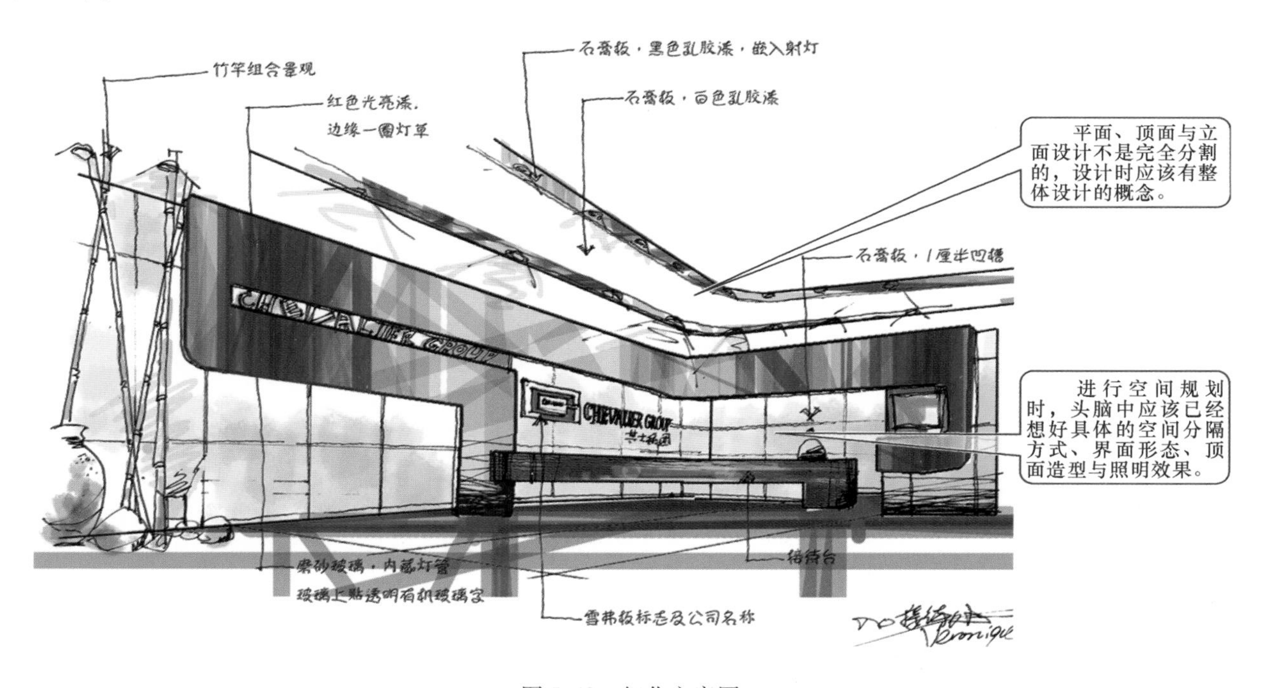

图 5-48　细化方案图

九、细部设计

室内设计师要花大量的时间和精力来考虑并确定细部设计。在这个过程中，要求学生选择主题设计所需的材料和设备，并将它们的性能、价格、型号、规格及优缺点写入计划书中（见图 5-49）。

室内设计可以用事无巨细来形容。如设计师要了解不同类型酒的摆放特点及规格。酒具和餐具的规格，也是设计要掌握的规格之一。

图 5-49　细部设计

本模块对应 1 + X 考试要点

1）能快速收集设计项目的各项数据和基本资料。
2）能基本掌握室内空间底面、顶面、侧面的设计要求。
3）能根据人的体能结构、心理形态和活动需要进行室内设计。
4）能根据室内空间合理选择陈设品。
5）能在室内设计中运用手绘进行综合表现。

模块六

公共空间常用家具

单元一 坐 具 类

公共空间常用坐具类家具见表6-1。

表6-1 公共空间常用坐具类家具

<table>
<tr><th>序号</th><th>分类</th><th>名 称</th><th>图 片</th><th>常用制图尺寸/mm</th><th>备 注</th></tr>
<tr><td rowspan="3">1</td><td rowspan="4">沙发</td><td rowspan="3">艺术沙发</td><td></td><td>—</td><td rowspan="4">沙发按材料分有皮沙发、布艺沙发和木沙发。按风格分类有美式沙发、日式沙发、中式沙发和欧式沙发等</td></tr>
<tr><td></td><td>—</td></tr>
<tr><td></td><td>—</td></tr>
<tr><td>2</td><td>火车座沙发</td><td></td><td>座面深350～600
靠背高1200～1400</td></tr>
</table>

（续）

序号	分类	名　称	图　片	常用制图尺寸/mm	备　注
3	椅子	吧台椅		长 450 深 450 高 737 或 610	可使坐姿与立姿视线保持同高，多用木材、塑料、皮革、铝合金或不锈钢制作，可旋转且可调节高度
4		贝贝椅		长 400 深 400 椅面高 600	使婴幼儿使用时与成人具有相同就餐高度的坐椅。其支撑腿向外，故重心较稳，可减小因摆动而发生侧翻或后翻的可能性
5		按摩椅		长 900～1200 宽 750～900 高 1050～1200	结合按摩理论及现代电子机械技术于一体，功能多样，按摩部位、手法、力度均可设定、调节
6		课椅		长 350～400 宽 350～400 高 400～430	常与课桌配套，供学生上课使用

单元二　桌　　类

公共空间常用桌类家具见表 6-2。

表6-2　公共空间常用桌类家具

序号	分类	名　称	图　片	常用制图尺寸/mm	备　注
1	桌子	课桌		长550（单人）~1100（双人） 宽450~600 高800	常与课椅配套，供学生上课使用
2		讲桌		长600 宽400~500 高900~1000	演讲或授课时使用，可设置话筒
3		快餐桌		长1000~1200 宽600 高750	快餐店、小食店或食堂等专用
4		会议台		按与会人员人均占据桌边缘600~700计算	按平面形状不同可分为矩形、椭圆形、L形、环形、条形组合等

单元三　柜　　类

公共空间常用柜类家具见表6-3。

表6-3　公共空间常用柜类家具

序号	分类	名　称	图　片	常用制图尺寸/mm	备　注
1	柜子	中岛柜	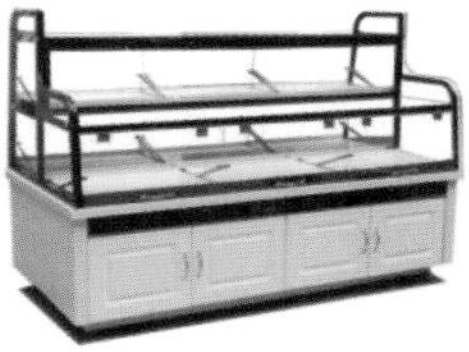 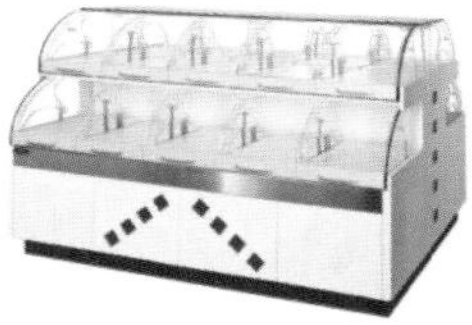 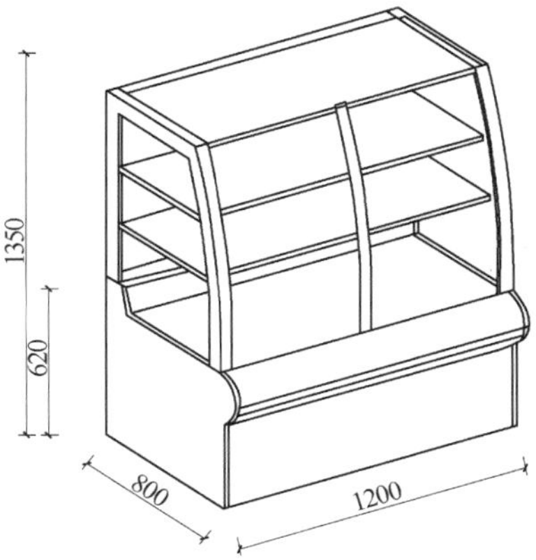 1350 620 800 1200	长600~1500 宽500~900 高1200~1500	中岛柜下部可做成储物式或开放式，有效利用空间

（续）

序号	分类	名　　称	图　　片	常用制图尺寸/mm	备　　注
2	柜子	柜台	  	长 600～2200 宽 500～900 高 900～1000	集展示、销售于一体，形式多样
3		服务台	  	长 900～4000 宽 450～800 高 800～1000	须配合电话、广播、多媒体、寄存等综合功能

（续）

序号	分类	名　称	图　片	常用制图尺寸/mm	备　注
4	柜子	书架	  	深 300～350	—

单元四　其他常用家具

公共空间其他常用家具见表 6-4。

表6-4　公共空间其他常用家具

序号	分类	名　称	图　片	常用制图尺寸/mm	备　注
1	凳子	试衣凳		宽350~400 高400	样式及尺寸可根据试衣间面积调整
2	镜子	试衣镜		宽800 高1900	

本模块对应1+X考试要点

1）能认识和分析室内色彩对人的生理和心理的作用。
2）能根据设计项目选用合适的材料。
3）能将形式美法则与平面功能布局有机结合起来。

附录 A　室内设计大作业评分标准

序号	阶　段	总分	分数控制体系	分 项 分 值
1	创新表达	5	语言表达清晰	2
2			准确地描述感官的感受及产生的相应情感	2
3			将此情感进行引申思考	1
4	图形表达	15	选择的图片图形能够很好地表达情感内涵	5
5			图形展示构图和谐，符合构成原理	5
6			展示板具有美感	5
7	空间设计	20	空间设计及造型创意新颖	5
8			空间尺寸合理、咬合紧密	5
9			空间心理与要表达的概念一致	5
10			满足基本使用功能	5
11	色彩、材质设计	15	材质选择定位准确	5
12			色彩设计整体感强	5
13			色彩及材质设计有创意	5
14	陈设、家具配置	10	陈设与家具的选择与整体方案统一	4
15			能够很好地烘托、提升设计效果	2
16			陈设、家具配置符合使用功能	4
17	图样	20	图样符合制图标准	6
18			图样表达清晰	7
19			图面效果好	7
20	模型	15	模型制作方法正确	3
21			模型制作材料准确、做工精良	2
22			正确地表达方案	5
23			模型视觉效果良好	5
总计		100	—	100

附录B 常用室内装修材料燃烧性能等级

材料类别	级别	材料举例
各部位材料	A	花岗石、大理石、水磨石、水泥制品、混凝土制品、石膏板、石灰制品、黏土制品、玻璃、瓷砖、马赛克、钢铁、铝、铜合金等
顶棚材料	B1	纸面石膏板、纤维石膏板、水泥刨花板、矿棉装饰吸声板、玻璃棉装饰吸声板、珍珠岩装饰吸声板、难燃胶合板、难燃中密度纤维板、岩棉装饰板、难燃木材、铝箔复合材料、难燃酚醛胶合板、铝箔玻璃钢复合材料等
墙面材料	B1	纸面石膏板、纤维石膏板、水泥刨花板、矿棉板、玻璃棉板、珍珠岩板、难燃胶合板、难燃中密度纤维板、防火塑料装饰板、难燃双面刨花板、多彩涂料、难燃墙纸、难燃墙布、难燃仿花岗岩装饰板、氯氧镁水泥装配式墙板、难燃玻璃钢平板、PVC塑料护墙板、轻质高强复合墙板、阻燃模压木质复合板材、彩色阻燃人造板、难燃玻璃钢等
	B2	天然木材、木制人造板、竹材、纸制装饰板、装饰微薄木贴面板、印刷木纹人造板、塑料贴面装饰板、聚酯装饰板、复塑装饰板、塑纤板、胶合板、塑料壁纸、无纺贴墙布、墙布、复合壁纸、天然材料壁纸、人造革等
地面材料	B1	硬质PVC塑料地板、水泥刨花板、水泥木丝板、氯丁橡胶地板等
	B2	半硬质PVC塑料地板、PVC卷材地板、木地板、氯纶地毯等
装饰织物	B1	经阻燃处理的各类难燃织物等
	B2	纯毛装饰布、纯麻装饰布、经阻燃处理的其他织物等
其他装饰材料	B1	聚氯乙烯塑料、酚醛塑料、聚碳酸酯塑料、聚四氟乙烯塑料、三聚氰胺、脲醛塑料、硅树脂塑料装饰型材、经阻燃处理的各类织物等
	B2	经阻燃处理的聚乙烯、聚丙烯、聚氨酯、聚苯乙烯、玻璃钢、化纤织物、木制品等

参考文献

[1] 贝思出版有限公司，空间杂志．现代办公空间［M］．沈阳：辽宁科学技术出版社，2001.
[2] 吉布斯．室内设计培训教程［M］．陈德民，浦焱青，等译．上海：上海人民美术出版社，2006.
[3] 来增祥，陆震纬．室内设计原理［M］．北京：中国建筑工业出版社，2002.
[4] 庄荣．室内装饰设计［M］．北京：中国劳动社会保障出版社，2005.
[5] 张绮曼，郑曙旸．室内设计资料集［M］．北京：中国建筑工业出版社，1991.
[6] 吴剑锋，林海．室内与环境设计实训［M］．上海：东方出版中心，2008.
[7] 徐令．室内设计［M］．北京：中国水利水电出版社，2007.
[8] 王荣寿，黄德龄．室内设计论丛［M］．北京：中国建筑工业出版社，1985.
[9] 杨茂川．漫谈室内灯光［J］．家具，1999（3）.
[10] 王其钧，谢燕．现代室内装饰［M］．天津：天津大学出版社，1992.